《广西北部湾传统文化丛书》

广西高校人文社会科学重点研究基地资金资助

北部湾风味食趣

石华先　乔钥　韦棠◎编著

世界图书出版公司
广州·上海·西安·北京

图书在版编目（CIP）数据

北部湾风味食趣 / 石华先，乔钥，韦棠编著. —广州：世界图书出版广东有限公司，2019.3
ISBN 978-7-5192-5836-8

Ⅰ. ①北… Ⅱ. ①石… ②乔… ③韦… Ⅲ. ①饮食—文化—广西 Ⅳ. ① TS971.202.67

中国版本图书馆 CIP 数据核字（2019）第 004554 号

BEIBUWAN FENGWEI SHIQU
北部湾风味食趣

编 著 者：石华先 乔 钥 韦 棠
责任编辑：程 静 曹桔方
装帧设计：苏 婷
责任技编：刘上锦
出版发行：世界图书出版广东有限公司
地 址：广州市新港西路大江冲 25 号
邮 编：510300
电 话：020-84451969 84453623 84184026 84459579
网 址：http://www.gdst.com.cn
邮 箱：wpc_gdst@163.com
经 销：各地新华书店
印 刷：广东信源彩色印务有限公司
开 本：787mm × 1092mm 1/16
印 张：13.5
字 数：268 千字
版 次：2019 年 3 月第 1 版 2019 年 3 月第 1 次印刷
国际书号：ISBN 978-7-5192-5836-8
定 价：68.00 元

咨询、投稿：020-84451258 gdstchj@126.com

《广西北部湾传统文化丛书》编撰委员会

本书作者：石华先　乔　钥　韦　棠

序　一

广西沿海地区人民在漫长的社会发展进程中创造了辉煌的历史，在这一片土地上留下了丰富的历史文化遗产，积淀了深厚的历史文化底蕴。

早在一万年前的旧石器时代，广西北部湾地区的灵山县城郊马鞍山一带已有人类生活。20世纪50年代以来，在防城港市防城区大围基村东茅岭江杯较山，江山镇石角村亚菩山，江山镇马兰基村马兰嘴，江平镇交东村社山、合浦牛屎环塘，钦州犀牛脚芭蕉墩、亚陆江杨义岭和黄金墩、上洋角等地陆续发现了距今约一万年前至五千年前的新石器时代滨海贝丘遗址。这表明，早在新石器时代，广西北部湾地区的居民就从事渔猎和农业活动。自西汉起，合浦就是中国南海"海上丝绸之路"的始发港之一。广西沿海地区是南珠文化的发源与传承地，是西方海洋文化，尤其是南传佛教进入中国的重要传播区，也是多元文化的交汇集中地。秦汉以来，受中原文化和移民文化的影响，农耕文化与渔业文化、骆越文化与华夏文化、中华文化与海外文化在这里交融与撞击、并存和发展。在与近现代西方文化和民族文化的交流中，逐步形成具有鲜明特征的广西北部湾区域文化。

广西北部湾沿海地区所面临的北部湾海域面积为12.93万平方千米，其中属广西的海域面积约为6.28万平方千米，广西海岸线曲折，长2199.25千米，其中大陆海岸线长1629千米，岛屿岸线长604千米。海岸线东以英罗港为起点，沿铁山港、北海港、大风江、钦州湾、防城港、珍珠港等沿岸，这里有中国传统的四大渔场之一——北部湾渔场，也是世界海洋生物物种资源的宝库。横跨钦州市和北海市两市境内的南流江三角洲平原为广西最大的河口三角洲平原，这里地势低平、土壤肥沃，光、热、水条件非常优越，盛产稻谷、甘蔗、花生和桑蚕，是广西重要的粮食和经济作物基地之一。广西北部湾地区的北海市素有"海角名区、南珠之乡"的美誉，钦州有"海豚之乡、坭兴陶都、英雄故里"的美誉，还是"中国大蚝之乡"、"中国香蕉之乡"（浦北县）、"中国荔枝之乡"（灵山县），防城港市被誉为"西南门户、边陲明珠"，是"中国氧都""中国金花茶之乡""中国白鹭之乡""中国长寿之乡"。

广西北部湾地区积淀了丰富的海洋性、民族性物质文化遗产，现存有古运河、古商道、伏波庙、白龙珍珠城、大型汉墓群、明清城墙遗址，寺庙塔亭、百年老街、西洋建筑群等。此外，还有以京族哈节、珠还合浦及三娘湾遗址神话传说为代表的一大批记录和展示着人类海洋生产生活的文学艺术、民间风俗、海洋节庆、传统技艺和海神信仰等非物质文化遗产。

沧海桑田，日月轮回，岁月更替，辉煌的历史很难留下一部完整无缺、细节详尽的实录，也不可能给我们留下一成不变的昔日场景。无数发生在广西北部湾地区的重要事件，我们只能从史籍方志的字里行间去寻找其蛛丝马迹；无数活跃在这方热土上的古圣先贤，我们只能凭想象来描述他们的音容笑貌，细细揣摹他们的喜怒哀乐；无数先人们创造出来的生产方式、手工艺术和生活习俗，我们只能通过口耳相传而知道其大概情况。

广西北部湾文化是广西文化的重要组成部分，以海洋文化为主要特征，使广西的文化形态和内涵呈现多样性的特征。开发广西北部湾文化，有利于提高广西的文化“软实力”，并通过推出文化精品，提高文化品位，发展文化产业，将文化力转化为社会生产力，加速广西北部湾地区经济和社会发展。然而，怎样才能比较完整地挖掘和展示广西北部湾历史文化的深厚底蕴？如何更好地传承和弘扬广西北部湾历史文化的优良传统，并以此塑造我们新的精神品格和人文风貌，推进广西北部湾地区的文化大发展、大繁荣？这是时代赋予我们的任务。

北部湾大学北部湾海洋文化研究中心是广西高校重点人文社会科学研究基地，本着服务社会、传承文化的宗旨，为了更好地保护广西北部湾地区的传统文化，保存广西北部湾文化的记忆，北部湾海洋文化研究中心公开在校内通过招标的方式，拟编写并出版一套反映广西北部湾文化传承的丛书，即《广西北部湾传统文化丛书》。该丛书将以简明通俗的写作特点、图文并茂的展现形式对广西沿海的海山奇观、物华天宝、民俗风物、风味食趣、民间百业、名镇名村、市井趣闻、历代书院及历史人物等进行介绍，通过对广西北部湾地区的传统文化进行梳理和研究，达到以历史的眼光审视广西北部湾、以文化的视野观察广西北部湾、以艺术的手段表现广西北部湾，从而展现出广西北部湾的历史价值、文化价值和旅游观赏价值的目的。

该丛书是具有较高品位的地方历史文化普及读本和对外宣传文化本，要求以史料为基础，内容的真实性与文字的可读性相统一。经过一年多的努力，该丛书陆续完稿并交付出版社出版。该丛书的出版一方面可以吸引学术界学者和专家更多地关注和研究广西北部湾地区文化；另一方面可以帮助广大读者更全面地认识、更深入地了解广西北部湾的文化元素，从而激励广西北部湾地区人民传承文明、再创辉煌。

做好“广西北部湾传统文化”这篇文章，并非易事。历史文化遗产以何种形式存在于世，转化为引人入胜的文化产品，释放出自身的巨大能量，不仅需要立意、选材上的慧眼和巧思，还需要对历史的重新发现和解读。为此，我们首先需要读懂地方历史，需要对那些长期在我们眼皮底下留转的毫不起眼的、让人不经意的东西进行发掘、整理，需要从不同的角度去重新发现、重新理解其中的内涵。对于分布于不同历史时空交会“点”上的人、事、物，需要用当代人的眼光和理念梳理出一条贯穿古今的“线”，在“点”与“线”的交织之中再兼及“面”，来呈现更广阔的历史场景，揭示更深层次的文化内涵。

其次，我们需要在“写”这方面下功夫。这是一个把抽象化的文字资源、物态化的历史遗迹、精神化的人的心灵有机地结合起来的过程。要写得生动有趣、引人入胜；要令读者满意，让专家认可；要让内行看出门道，让外行看出热闹，让各种不同层次的人们都能从中产生精神认同感，需要我们付出更多的辛劳。

令人欣喜的是，经过策划组织者和各位作者的共同努力，拟定的丛书总体定位、目标及写作要求，都在书中得到了较好的实现。我们也希望，通过品读《广西北部湾传统文化丛书》，广大读者能够更加全面深入地了解广西北部湾地区的辉煌历史，更加真诚地汲取广西北部湾历史文化的优良传统和精神动力，更好地处理传承与创新的关系。在广西北部湾进一步开放开发的背景下，满怀激情地创造更加美好的未来！

是为序。

赵君

二〇一七年十二月二十日

序 二

广西北部湾地区是中国古代海上丝绸之路的起点之一，处于中国与东南亚交往的前沿地区。在长期的历史发展历程中，由于各种文化在这里交融交汇，广西北部湾地区的饮食文化得到不断地发展。它以当地原有的“饭稻羹鱼，果隋蠃蛤”（骆越饮食文化）为依托，融入了广府饮食文化、客家饮食文化、东南亚饮食文化，形成了具有本地特征的饮食文化：以大米为主食，喜食米粉，年节喜食粽子和米粑，以鱼、虾、贝类为主，辅之以猪、鸡、鸭等肉类为菜肴的主要食材来源，带有明显的粤菜系的特征，同时兼具其他菜系及少数民族的饮食特色。随着时间的流逝，一些流传于民间的饮食由于工艺失传等原因不可避免地消失，一些长期为人们尊崇的饮食习俗可能会逐步被简化并慢慢淹没于市井间，一些口耳相传的饮食趣闻也可能会逐渐被人们遗忘。传统美食文化的保护面临着越来越多的挑战。

本书属于《广西北部湾传统文化丛书》之饮食文化篇，作者通过寻访广西北部湾地区的钦州、北海、防城港三市遐迩闻名、享誉四方的饮食老店及其美味小吃，收集并记录各风味饮食的制作方法及其特征，探寻各种风味美食背后的食材来源、饮食习俗及饮食趣闻，追溯北部湾饮食文化的起源和发展历程，力图将广西北部湾地区的饮食情怀展现于世人面前，展现当地的多样化饮食文化，使中国传统美食文化得到传承、保护和发扬光大。

本书内容丰富，体系健全，从广西北部湾地区饮食的“魂”“俗”“趣”“谱”四大内容去讲述。俗话说：“靠山吃山，靠海吃海。”钦州、防城港、北海三市既近海也有山，可谓“山海两吃”。书中第一部分介绍了地情、历史情况及丰富的食材类型；第二部分从不同地区的食俗出发，按每年节庆顺序介绍了十二个不同的节日食俗；第三部分收集了当地的名人食趣、食俗典故，以及名目繁多的菜宴佳肴趣名；第四部分介绍了当地的美食小吃，附录则收录了北部湾地区部分特色小吃店等。

本书写作力求通俗易懂，图文并茂，语言本土化，体现了对当地饮食历史文化的尊重和传承之情，表达了对美好生活的追求和向往，突出了不同区域文化在饮食上的融合和发展，谱写了一首北部湾畔潋潋波涛上错落有致的美食之歌。

《北部湾风味食趣》编写组
2018 年 5 月 28 日

目　录

第一部分　北部湾食之魂

第二部分 北部湾食之俗

第一章 日常食俗

第二章 节日食俗

第三部分 北部湾食之趣

第一章 名人食趣

第一部分

北部湾食之魂

随着经济全球化、信息化时代的迅速发展，旅游业也得到快速发展。广西北部湾地区风景如画，气候宜人，景区众多，吸引了大量海内外游客前来观光、休闲和度假。如北海的银滩、涠洲岛，钦州的三娘湾、八寨沟，防城港的金滩、白浪滩、上思十万大山森林公园等风景名胜地，在节假日游人如织。当地特有的风味美食是游客前来游玩时青睐的项目之一。各种美食栏目竞相走进广西北部湾地区，为当地美食作介绍和推广。借助新媒体的宣传，北部湾美食逐渐享誉国内。

图 1 《走遍中国之八方小吃》第 7 集“北海小吃”视频截图

2013年2月在中央电视台第四频道首播的《走遍中国之八方小吃》第7集，以北海市为原型，介绍北海沙虫、鱿鱼、海螺、华侨卷粉等美食。该节目在制作时，选取了全国有代表性的14个城市，逐一介绍其饮食文化和特点，北海以其特色海鲜美食上榜。

2014年5月在中央电视台纪录片频道播出的《舌尖上的中国Ⅱ·秘境》中，播出了北海沙蟹汁的制作过程，将该地区的美食隆重展现于世人眼前，在全国引起了较大范围的关注。

图2 《舌尖上的中国Ⅱ·秘境》节目截图

2015年，为探寻钦州美食文化，彰显城市历史底蕴，中央电视台“春节季”大型美食文化特别节目《味·道》摄制组来到广西钦州市，拍摄白切鸡、猪脚粉、猪肚巴、小董麻通等钦州特色美食。

《味·道》是中央电视台科教频道（CCTV—10）精心打造的假期大型特别节目，由“春节季”“五一季”“端午季”“中秋季”“国庆季”等构成了假日节目特辑。节目内容围绕中国及世界各地的美食及美食背后的风俗文化展开，自2011年开播以来，获得了观众的热烈好评，是一档收视率较高的品牌节目。

《味·道》2015“春节季”在全国拟定选取7个区域，制作7集，仅在钦州就制作了2集。其间，摄制组深入钦州各地拍摄具有地方特色的美食，以寻找美食为切入点，展开与钦州美食文化相关的探秘、讲述、访谈、情感互动，向观众展现钦州美食特点、民俗风情、人文历史、社会变迁等。通过特定的选题和视角，由“味”出发，“道”出文化、“道”出幸福，让世人都知道醇香浓烈的“钦州味道”。通过实地采访与录制，《味·道》摄制组基本上将钦州较为知名的美食都拍摄完全，如猪脚粉、白切鸡、猪肚巴、小董麻通、官垌鱼、灵山大粽、流沙包、猪仔包、蒜蓉粉丝焖大蚝、生蒸青蟹、炒瓜皮、车螺炒萝卜尾、煎粽、年糕、芝麻饼、粉利、酸甜脆皮肥肠等。

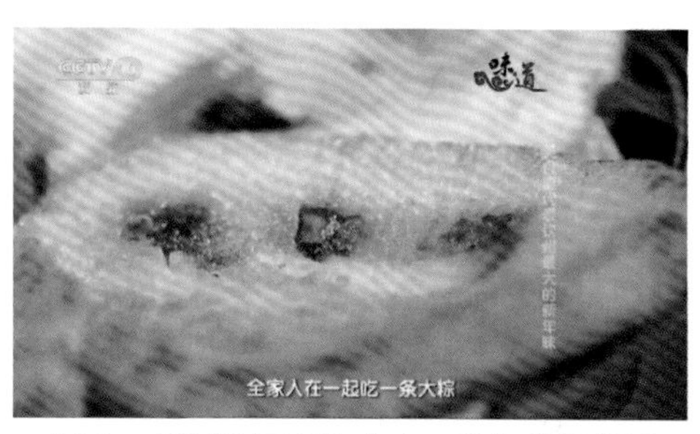

图3　2017年春节《味·道》节目截图

2017年春节期间，中央电视台第七频道《农广天地》栏目走进防城港东兴市寻找“不一样的年味”，介绍了防城港东兴市的京族特殊的赶海技巧和长桌宴等，展现了北部湾地区的美食及民俗风情。

短短几年间，北部湾地区的美食从深闺中走出来，走进了大众的视野，不断地散发出其魅力。北部湾美食的味道之源在哪里？饮食之“魂”何在？又如何通过风俗和食趣体现出来？透过北部湾美食菜谱可读到怎么样的文化精神呢？让我们一起走进北部湾美食之魂吧！

图4　2017年春节《农广天地》节目截图

第一章　特殊的地理人文环境

一方水土养育一方人，一片圣土孕育一片美食。广西北部湾美食的产生与其特殊的地理位置和人文环境有关。这里是中国大陆的南端，是中越海陆边境的交汇处，是中国古代海上丝绸之路的始发地之一，是中国—东盟交往的前沿地区。这里山海相连，气候宜人，历史积淀深厚，有多姿多彩的人文风情。独特的地理环境和原生态的自然条件，提供了丰富和奇特的食材资源，造就了山海相汇、南北相融的饮食文化特性，使北部湾饮食文化呈现出独有的特色和魅力。

一、特殊的地理位置

北部湾（旧称东京湾），位于中国南海的西北部，是一个处于海南岛、广东雷州半岛、广西沿海三市与越南东部海岸包围中的半封闭海湾。东临中国的雷州半岛和海南岛，北临广西壮族自治区，西临越南，与琼州海峡和中国南海相连。广西北部湾地区一般指广西沿海的钦州市、防城港市、北海市三个城市的行政区域所属的地域范围。这里地处低纬，介于东经107°53′与109°47′之间，北回归线横贯中部，南临海洋，北接大陆，东接广东，西南邻越南，具有靠海、近山、临国境的特点。

北部湾面积接近13万平方千米，向海延伸的大陆架宽约130千米，水深由岸边向中央部分逐渐加深，最深处达80米，平均水深42米。有钦江、大风江、南流江、北仑河、茅岭江、红河等十多条河流注入。附近海域水质标准达到国家一级标准，表层水温年均为23.5 ℃，风浪轻柔。钦州湾潮汐以全日潮为主，龙门港区平均潮差2.55米，最大潮差达5.49米，涨潮潮流流向西北，流速2.8节；落潮潮流流向东南，流速2.8节，年均水温21.3 ℃。涨落的潮差，一般从北部湾沿海各海湾的湾口向湾顶逐步增大。在北海附近海域，最大潮差可达7米，年平均水温高达24.5 ℃。鱼类以暖水性种类为主，是捕捞绯鲤、

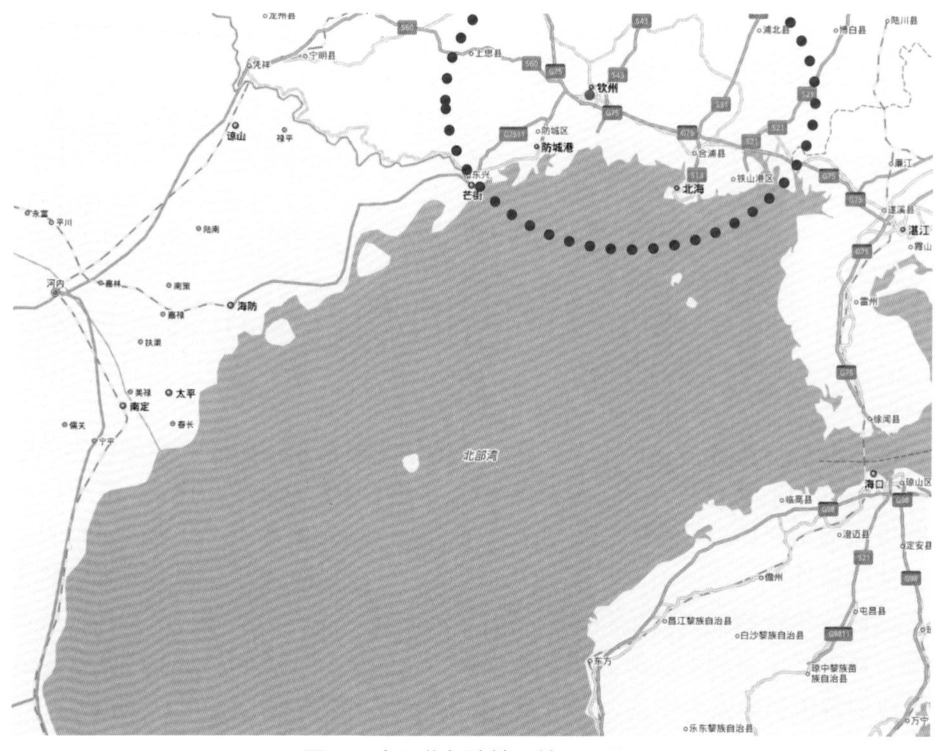

图5　广西北部湾地区地理区位

红笛鲷、金线鱼、蓝圆鲹等鱼类的优良渔场。

广西北部湾地区在中国—东盟交往中处于重要地位，是中国大西南地区离出海口最近的通道。主要港口有北海港、钦州港、防城港三港，其中防城港、钦州港素以天然深水良港著称，是中国大陆通往东南亚、非洲、欧洲和大洋洲航程最短的港口，也是中国大西南和华南地区货物的出海主通道，防城港还是全国20个沿海主要枢纽港之一，与世界100多个国家和地区通航。2009年3月，广西壮族自治区人民政府正式批准广西沿海防城港、钦州港、北海港统一使用“广西北部湾港”名称。随着国家“一带一路”倡议不断深入人心，广西北部湾港已开通了“中欧”“渝桂新”“陇桂新”“蓉欧+”东盟国际海铁联运班列，国际贸易通道不断完善。

二、奇特的气候条件

广西北部湾地区位于北回归线以南，北接大山，南濒北部湾，气候条件独特，南北、东西气候差异较大，属南亚热带气候，具有亚热带向热带过渡性质的海洋季风特点。夏秋两季多受季风影响，盛行偏南风，从海洋上带来大量的水汽，台风也时常侵袭，空气湿度大，日照强烈，降水强度大，雨量集中。冬春两季受冬季风影响，盛行偏北风。由于地势对气候的影响，如十万大山的阻隔，山的南坡暖湿气流交汇作用，容易形成大雨，而山的北坡则水汽减少，空气下沉升温。太阳辐射能总量在96—115千卡/平方厘米，年日照在1400—1900小时，年平均日照2119.6小时，年平均总辐射量为116.04千卡/平方厘米，热量充足；夏热冬暖，无霜期长，气候温和，年平均气温为21—23 ℃，最热的月份是7月，平均气温28—29 ℃，极端最高气温达37.3 ℃，最冷是1月，平均气温13—15 ℃，极端最低气温曾达到0 ℃，绝大部分地区无霜期在350天以上，年蒸发量1708.2毫米，年平均相对湿度为81%，多年平均风速2.6米/秒，最大风速30米/秒。年平均降雨量在1600毫米左右，年降雨量以中部和西部最多，年最大降雨量达1800毫米以上。其中防城区的滩散、那勤、那梭、大箓、长岐和东兴市的马路镇一带，年降雨量达3000—3700毫米，是广西年降雨量最多的地区。

三、得天独厚的资源条件

靠山吃山，靠海吃海。广西北部湾地区的地形北高南低，从北到南为山地、丘陵、台地、平原，呈规律性分布。北有六万大山、十万大山、九万大山等山脉，在十万大山腹地及其边缘地带有六峰山、五皇山、那雾岭、古

图6　广西首趟中欧班列开行

窦岭、望海岭等，分布着众多的野生动物和植物资源，为当地居民生活提供了多样化的食材。广西最大的河流三角洲平原南流江平原和钦江三角洲平原为多种农业经济作物的生长提供了丰富的土壤。广西近海及浅海地区海洋渔业资源丰富，盛产鲷鱼、金线鱼、沙丁鱼、竹英鱼、蓝圆鲹、金枪鱼、比目鱼、鲳鱼、鲭鱼等50余种有经济价值的鱼类，有20多种虾、蟹、贝类等，是中国的优良渔场之一。

北部湾海岸线曲折，形成很多港湾和岛屿，其中岛屿有800多个，面积达83.85平方千米，其中较大的岛屿是北海涠洲岛，面积有24.74平方千米。以钦州大风江为分界线，海岸带可分为东西两段，大风江以东沿岸多为堆积海岸，滩涂广阔，大风江以西沿岸多为海蚀海岸，多为溺谷、岛屿，海岸陡峭，有天然良港。此外，沿海地带还有占18.1%的浅海滩涂。

北部湾是中国最大海湾，海域宽阔，湾内水动力交换条件好，具有较大的污染物承受自净能力，海洋生态环境良好。沿岸有60多平方千米的红树林，同时有多条江河在这里交汇入海，提供丰富的微生物，不但能为鱼、虾、蟹、贝类的生长提供丰富的饵料和优质栖息地，而且对控制北部湾生态环境，提高海水污染物承受能力和自净能力也能起到积极作用。这里是广西牡蛎、珍珠贝、日月贝、泥蚶、文蛤等的主要生长地，还有驰名中外的合浦珍珠（又称南珠）。因此，北部湾沿岸的浅海、浅滩和沿海岸处是发展海水养殖的优良场所。

四、特殊的饮食习惯

海鲜与山珍的配合。广西北部湾地区靠海近山，海洋和山林为其提供了丰富的食材，其饮食文化兼具渔家风味及内陆风格。在烹饪上，对食材的运用特别注重海陆结合。熬海鱼汤时，人们会放几片半肥瘦猪肉，让鱼汤更鲜美；焖猪肉（特别是炖猪脚和扣肉）时，人们会添加些鱿鱼干，以增加菜品的风味；煮海鲜粥时，也会加上几丝瘦肉丝以平衡味道。

图7　广西北部湾地区的凉茶

好清淡，喜食酸，喝凉茶成为习惯。为了对付常年多炎热的气候，避免出现体内湿气郁结的“湿热”症状，消除因天气炎热可能产生的食欲不振、身体皮肤搔痒、腹泻、痢疾等问题，“去湿热”成为常年生活在北部湾地区的人们日常调理的一个惯例，街头巷尾处，凉茶店、酸嘢摊常年可见，人们的饮食习惯和口味也明显地具有三个特点：好清淡，喜食酸，喝凉茶。

丰富的夜生活与夜宵。由于一年中大多数日子日长夜短，全年出现在10 ℃以下的低温天气少于15天，广西北部湾地区的人们的作息时间普遍偏晚。这里的人们习惯于丰富的夜生活，催生了吃宵夜的习惯。君不见，街头巷尾，一年四季，入夜后的饮食夜市，熙熙攘攘，一片繁荣。饮食摊点，各显其能，各尽其才；美食佳肴，层出不穷；特色摊点，琳琅满目。待天亮后，繁华去尽，一片萧条。沿海三市的市区及各县城催生出一批美食夜市一条街，如钦州的八大场馆美食城、鸿发市场、北部湾大学东门夜市美食一条街、北海北部湾中路聚膳美食街、侨港美食街、北海老街、合浦县廉州大道红林美食街、防城港市滿尾海鲜市场美食街、东兴市木栏街中越美食街、深源美食街、鱼峰路美食街等，有些摊点只做宵夜一档。

图 8　防城港夜市

粤味占饮食主流，越南风味显特色。自古以来，岭南是一个统一的地理单元，广东和广西同属百越大地。明清以来，广西沿海长期属于广东的西部地区，在历史上与广东有着不可分割的地域联系。由于长期处于粤文化体系的影响下，当地居民的社会风俗文化有着强烈的粤文化特征，体现在饮食文化方面主要为粤菜占主流地位。由于地域上与越南海陆接壤，广西沿海地区与越南北部及东部沿海在历史上人员往来频繁，文化交流和互动丰富，亲缘关系密切，防城港市、东兴市还是中国京族（与越南的主体民族越族同源）的唯一聚居地，广西沿海民间的饮食习俗与越南北部及沿海地区有很多相似的地方。

图 9　京族姑娘在海边

第二章 悠久的历史文化

广西北部湾历史悠久，生活在滨海地区的居民在各个不同的历史时期留下了一些生活痕迹，现存在广西沿海各地的一批历史文化遗存，见证了北部湾地区饮食文化的源远流长。

图 10 钦州市灵山县灵山人遗址

一、史前人类的饮食文化

新中国成立以来，考古工作者在广西沿海地区发现一批史前人类文化遗址。资料表明，早在距今1万多年前的旧石器时代，广西沿海一带就已经有人类居住。灵山人遗址可以佐证。1960年，考古学家在钦州市灵山县三海乡栏崇村马鞍山挖掘出一批人骨化石，经测定属于距今一万年前左右的人类遗骨化石，这批人骨化石被命名为“灵山人”。同时，考古工作者在灵山县东胜岩还发掘出土熊的化石和钙化蜗牛，在葡地岩出土了中国犀牛、野猪、鹿和牛化石等，经鉴定属于旧石器时代晚期。在这些遗址中都发现了动物骨头、鱼刺等，说明早在距今一万年前，生活在这里的人类已以海产品为食物。

二、贝丘遗址见证新石器时代人类饮食文化

距今8000—4000年，广西北部湾地区的早期人类进入了新石器时代。现存新石器时代遗址有防城港市杯较山、马兰嘴、亚菩山、交东村社山贝丘遗址，钦州市犀牛脚芭蕉墩、亚陆江杨义岭、黄金墩和上羊角遗址，北海市合浦高高墩和二埠头遗址等。这些遗址基本上属海滨贝丘遗址，说明人类当时已在海边生活，人类的饮食生活与海有密切关系。

贝丘，古代人类居住遗址的一种，以包含大量古代人类食剩余抛弃的贝壳为特征。广西海滨贝丘遗址主要分布在防城港市、钦州市和北海市的临海山岗上。自20世纪50年代以来，考古工作者对防城港市江山镇石角村的亚菩山、马兰基村的马兰嘴、茅岭镇大围基本的杯较山、蟹岭、番桃坪以及东兴市交东村的社山等处进行挖掘，发现这些遗址的附近有小河入海，遗址均以海生头足类和腹足类软体动物的硬壳堆积为其特征。考古工作者在遗址上采集了磨制石斧、夹沙绳纹陶片、动物化石、贝壳等标本，发现了当时人们以打制石器为最普遍的生产工具，器形以具备尖端和厚刃的蚝蛎啄、手斧状石器为最典型，还有砍砸器、三角形石器、两用石器、石球、网坠等；磨制石器有斧、锛、凿、磨盘、杵、石饼、砺石等，其中以斧、锛为最多（部分是有肩的）。骨器有骨锥、骨簇、穿孔骨柄等，蚌器有蚌铲、蚶壳网坠、蚌环等。陶片全是夹砂陶，纹饰以绳纹为主，也有蓝纹、划纹的。所出土的动物化石种类除了贝壳类外，还有鹿、象、兔、鱼、鸟等。遗址中所含的贝类全部是海产的，基本上没有淡水贝壳（如螺、蜗牛），偶见咸淡水的蚌和田螺。考古部门鉴定，以上遗址为新石器时代的居民点。其经济生活以采蚝、捕鱼为主，同时人们也上山狩猎和兼营农业。

从广西沿海新石器时代遗址，我们可以获得这样的信息：到了新石器时代晚期，广西北部湾地区的原始居民数量明显增多，活动范围进一步扩大，

图 11　广西海滨贝丘文化遗址发掘现场

非临海居住的居民以农业为主，农业生产已经达到一定的水平，同时还兼有渔猎活动；临海居民则以渔猎活动为主，兼营农业。当时，人们的食物原料丰富多样。素食类食物来源，既有耕种的稻、粟、黍等淀粉类，又有自然采摘的野生果实；肉食类分布广泛，有来自深山中的土熊、犀牛、鹿和野猪，也有从海上捕捞回来的蛳、螺、蚌、蛤、鱼、虾等。饮食结构也相对合理，新石器时代早期可能更多的以兽肉、鱼肉为主菜；新石器时代后期，人们的食物结构中增加了鸟、虫、蛇、蚬、蚌、螺、蛳等；大规模的农业耕种和渔猎活动也开始了，常用的植物食物有稻粟黍薯、菽菇菌耳和部分植物的花叶芽果。

三、商周至秦汉时期骆越先民的生活

商周至秦汉时期，生活在广西北部湾一带的主要是壮族的先民骆越、乌浒等。当地人的耕种技术相比于新石器时代有了一定的进步，但仍然以水稻为主食；而肉食类主要来源于水域和山林。青铜和陶瓷类烹调器皿也逐渐发展起来。已发现的青铜器具包括铜凤灯、鼎、壶、盆、盘、屋、锅、釜、柞、臼、杯、碗等，加热、盛放食物的器皿、食器、炊具和饮具一应俱全。

到汉代时期，先民们已开始会用连通灶（图12）来实现烹饪节能，饮食文化已发展到一定阶段。

图 12　北海市合浦县出土的刻华纹龙首三孔陶灶（汉代）

四、唐至五代时期俚僚先民的生活

唐至五代时期，生活在广西北部湾一带的居民主要为俚人和僚人。农业生产不断发展，食材空前丰富，蔬、菽、菌、耳、瓜之类的人工种植品种及数量不断增多。水果类的荔枝、龙眼、甘蔗等是这一时期典型的经济作物。同时，陶瓷类器皿发展趋于成熟。生产出来的陶瓷主要用作食品的盛具、饮具、茶具和酒具等，说明当时饮酒喝茶之风盛行。以铁釜、铁锅、铁盆、铁桶为主的烹饪器具开始广泛使用，推动了高温油烹法的产生，出现了包括炒、爆、熘等快速烹法及复合烹法等烹调方式。

图 13　三角纹环耳铜盒（西汉晚期）食盒都有纹饰装饰

宋朝以后，迁入广西北部湾地区的外来人口逐步增多，明朝末年，广西北部湾地区“土著七分，寄籍三分”（即当地人多，外地人少），但到清朝乾隆嘉庆年间以后，“外籍迁钦，五倍于土著”，外迁而来的人口超过当地原有的土著。明清时期，钦州民间手工业主要有制糖、纺织、造纸、铁器和矿冶等，尤以制糖业发展较快。至清末，钦州土糖作坊林立，成为广东重要的糖业基地之一。这一时期，不但食材更加丰富，而且饮食爱好具有百越诸族之风。宋代范成大在《桂海虞衡志》中载：“以射生食动为活，虫豸能动者皆取食。”明代谢肇淛《五杂俎》载：“南人口食，可谓不择之甚，岭南

图 14　坭兴陶制作技艺

蚁卵、蚺蛇，皆为珍膳。”当时的食材以山珍、水产和禽肉为主，配以岭南佳果，如荔枝、菠萝、香芒等，使得饮食风格独特且兼具山海特色。

在饮食器皿方面，陶瓷器具发展迅速，钦州窑产的陶器空前鼎盛，现今称为坭兴陶。产品主要有茶具、酒壶、酒具、盘、碗、瓶、盆等。由于坭兴陶具有耐酸碱，插花花茂，盛茶茶不馊等特点，当地居民普遍用其做各类日常饮食、盛具。

五、近现代以来广西北部湾饮食风格的形成

近代以来，广西北部湾地区逐步形成了以咸、鲜、甜、酸、辣并收，以甜味为主，崇尚清淡、鲜味的饮食风格。由于制糖业发达及靠海的特点，当时饮食以甜和鲜味使用尤为明显，很多名菜肴或小吃中都用到了蚝油、鱼露、沙蟹汁等海产调味品。粤菜成为饮食主流。在食品烹制过程中，当地善用各种香料调味，包括干椒、葱、姜、八角、香叶等。

图 15　北部湾地区常用香料

经过漫长的历史演变，广西北部湾的饮食文化经过不断积淀，形成了今日主食以大米为主，喜食米粉，年节喜食粽子和米粮糍；菜肴以鱼、虾、贝类为主，辅之以猪、鸡、鸭等肉类的饮食结构，带有明显的粤菜系的特征，又兼具一些其他菜系及少数民族的饮食文化特色。

第三章　多民族和族群的交融与多样性的饮食文化

自古以来，生活在广西北部湾地区的有汉族、壮族、京族、瑶族等民族，有独特的民系，如广府人、福佬人、潮汕人、客家人等，还有特殊的族群——疍家。多民族和族群的交融带来了多样性的饮食文化。

一、骆越的演变及其饮食文化习俗

广西沿海古称“百越之地”，根据史料记载，大约在商周时期，百越民族聚居繁衍在中国东南部和南部沿海地区直到越南北部地区，“自交趾至会稽，七八千里，百越杂处，各有种姓。”（《汉书·地理志》）其中分布于今广东、广西及越南北部一带的一个支系称为骆（雒）越，广西沿海最早的土著居民应是骆越人。骆越在随后的历史发展过程中，部分与南迁的汉人相融合而为汉人，部分逐步演变为隋唐时的俚人、明清时的僮人（当代的壮族人），还有一部分可能演变为黎族、侗族等民族。至今广西沿海民间生活中还残留有较为典型的骆越饮食文化习俗：喜食鱼蛇蛤蚌，并有生食的习俗。《逸周书》载：“东越海蛤，越人蝉蛇，蝉

图 16　骆越骨勺

蛇顺美之食。”《淮南子》“精神训”说：“越人得髯蛇以为上肴，中国得而弃之，无用。”《盐铁论》说：“越人美蠃蚌。”《博物志》说：“东南之人食水产，……食水产者，龟蛤螺蚌以为珍味，不觉其腥臊也。”由于自然地理条件的特点，生活在沿海的越人对海产品情有独钟。从汉代墓葬所出土的名类蚌壳来看，自古以来，北海人民就以鱼贝为食物来源之一，而且至今这些鲜明的饮食特色还顽强地保持着。古越人有吃生食的习惯，《礼记》说：“南方曰蛮……有不火食矣。”《博物志》载，越人“采海物为生，且生食之”。吃生鱼片至今仍是北部湾沿海独特饮食风格之一。

二、汉文化的传入及粤饮食文化的形成

1.中原汉文化的传入与广西沿海饮食结构的变化

广西沿海的汉族人是秦汉以后从中原等地陆续南迁而来的汉族人的后裔或已汉化的当地土著的后裔。中原汉民南迁广西沿海，最早是在秦代。公元前214年，秦南开五岭，征服了岭南的越族，置桂林、象郡、南海三郡，秦不仅令原南征的数十万军队留守岭南，还不断地派兵员前来镇守岭南，后来又征一万五千名女子前来岭南为“以为士卒衣补”。以后，中原王朝的每次大规模军事活动，都有来自中原地区的汉族士兵留下戍边定居。而历史上每一次王朝更替、改朝换代都引发大批中原人南迁广西沿海。历代统治者还把岭南作为流放罪犯及贬谪官员的地方。

《汉书·地理志》载：“粤地处近海，多犀、象、珠玑、玳瑁、银、铜、果、布之凑，中国往商贾者多取富焉。”丰富的物产和便利的海运，吸引一批来自中原的汉人到北部湾沿岸进行珍珠贸易和丝绸贸易。中国西南地区的商人也到这里贩香、蜀锦等，到明清时期，大批的汉族商人、农民从福建、广东溯西江，沿南流江到达广西沿海定居务农或经商，同时有广东雷州半岛等地的渔民到广西沿海一带定居捕鱼。

随着汉代以合浦为起点的海上丝绸之路的开辟，一批来自东南亚和南亚的商人及使者也经由北部湾沿海上岸，沿着海上丝绸之路的内河航线进入中国内陆地区进行经济文化交流，带来了各地异样的饮食文化，如南亚热带饮食文化、南洋和东南亚风情饮食文化等。到1840年鸦片战争，特别是1876年北海开

图 17　粤菜代表白切鸡

埠后，西式烹调方式的引入、各种香料的使用和西式食品的制作等，给广西沿海的饮食文化带来西方饮食文化的元素。中原汉文化、西南高原山地文化与海洋文化在广西沿海不断地交流碰撞，逐步丰富了原有的饮食文化结构。

中国地域辽阔，南北差异大，汉族的饮食结构因地而异，根据地域的不同，适应各地的气候和风俗习惯，体现在菜系上则有川、湘、鲁、徽、浙、闽、粤、苏八大菜系，其中粤菜系对广西北部湾地区影响最大。粤菜的食材丰富多样，凡是天上飞的、地上爬的、水里游的，几乎都能上席；口味比较清淡，力求清中求鲜、淡中求美。

2.客家人的西迁与广西沿海饮食结构的变化

明清时期，随着大量从福建、广东东部沿海迁来的汉族人口进入广西沿海，特别是客家人的大批迁入，给广西沿海饮食文化习俗带来了又一次重大变革。

“客家”是汉族中原人自西晋永嘉（307—313年）南渡以来经过多次多批迁徙，客居赣、闽、粤边境，包括赣南、闽西、粤北、粤东等山区盆地后，经长期繁衍生息而形成的群体或集团的名称。客家的祖先原本生活在黄河流域以南、长江流域以北、淮河流域以西、汉水流域以东的中原地区。由于战乱等原因，历史上客家人多次迁徙，比较大规模的迁徙有五次。唐宋年间，客家人的祖先第三次大规模迁徙来到闽、粤、赣三角地区，逐步孕育并形成了客家民系。后经不断拓展到两广各地及东南亚等地。广西沿海客家人大多是在明清时期由福建、广东迁来广西合浦等地的，特别是清朝咸丰、同治年间的粤中土客械斗，在政府的强令下，粤中客家人再次大迁徙，“由粤

图 18　北海市合浦县曲樟乡璋嘉村客家围院

省中部东部，徙于高、雷、钦、廉等地”，形成了今天广西东部及南部地区客家分布的现象。目前，广西沿海三市分布着约100万的客家人（2017年数据）。

客家人与同是由北方南迁的广府民系和福佬民系等汉人在身体特征、体质上并无差异，只是在各自的历史渊源、风俗习惯和所操语言等文化方面存在差异。表现在饮食文化上，客家饮食与其他汉族族群的饮食基本相同，但在食材的使用及烹饪方式上有其特色。这与客家人的生活环境、生活水平有关系。客家人早期多聚居在山高水冷地区，因而在使用香辣方面更为突出，菜肴有“鲜润、浓香、醇厚”的特色。出门即须爬山，生产条件艰苦，劳动时间长、强度大，需要较多脂肪和盐分补充大量消耗的热能，饮食以烹调山珍野味见长，略偏“咸、油”。由于长期的迁徙流离及聚居地区经济发展滞后，客家人艰苦度日，就地取材，制备咸菜、菜干、萝卜干等耐吃耐留的食物，家居可佐番薯饭并抑胀气，出门可配野菜充饥，这便形成了“咸、熟、陈”的特点。

迁移到广西沿海的客家，既传承祖居地传统，又吸收迁徙所经地的饮食特色，更善于与移居地的饮食文化相融合，从而形成了客家人特有的饮食文化：既有吴越地区的酸甜菜肴，又有巴蜀湖广地区的辛辣，更有闽粤地区的酱腌味菜。客家平日虽然粗茶淡饭，但好客、崇尚祭祖及重视节令喜庆的习俗又使他们的饮食因人、因事、因时而有不同的方式。广西沿海地区的客家菜有三大特点：酿菜为主，其特色菜有酿豆腐、酿香菇、酿春卷、酿苦瓜等。肉丸（包括鱼肉丸、挥丸）；此外，他们喜欢用糯米等做各式糕点和米粑，如发糕、水糕、萝卜糕、叶子粑、寿桃粑、黄粟（小米）粑、鸡屎藤粑等；做炖肉时往往会加上海味做配料，如客家扣肉、扣猪脚会有鱿鱼干等做配料，至于东坡肉、白切鸡、酱鸭、炒鱿鱼等也有沿海客家的特点，如粤式炒鱿鱼不放辣椒，但客家菜却用辣椒炒鱿鱼，炒熟后有辣和焦的味道，在采用海边食材的同时，延续了客家原有的香辣、咸、熟等特点。

图 19　客家酿豆腐

3. 疍家饮食最喜海鲜

疍家是自宋朝以来生活在广西沿海的一个特殊的族群。疍民即水上居民，因早前他们居住的舟楫外形酷似蛋壳漂浮于水面，或是因长年累月浮于海上生活，像浮于水面的鸡蛋壳一样，故得名为疍民。清代末年，北海沿海居住着 1 万多人口的疍家，分为蚝疍、渔疍和珠疍。蚝疍4000多人，居住于西场镇沿海，主要以采蚝为主。渔疍居住于党江镇沿海，约6000人，大部分以捕鱼为生。珠疍居住于北海东南沿海，主要以采珠为生。宋代周去非在《岭外代答》中写道：疍人“衣皆鹑结，得掬米，妻子共之……冬夏身无一缕……”。而从事采珠的“蜒人每以大蝇系腰，携篮入海，拾蚌入篮，即振绳令舟人急取之”，常常不是被溺死，就是被鲨鱼吞吃，亡命于大海。

近现代广西北部湾沿海的疍民祖先多为阳江、番禺、顺德、南海等地的水上人家，他们来往于广东的阳江、番禺、顺德、南海，广西的北海、防城港，海南的三亚等地，或养珠、或打鱼、或从事海上运输等。在近两千年的生存繁衍中，疍家人成为一群自强不息、斗争性强的社会群体，他们勤劳质朴，用双手围海造田，于江河沿海开创了独特的疍家文化。一说起疍家人，人们往往会想起美味的艇仔粥、悠扬的咸水歌和俏丽的水上姑娘。

图 20　钦州市三娘湾疍家船

作为水上人家，疍家人对河鲜、海鲜的烹饪讲究的是“不时不食，不鲜不食”。疍家人长年累月都在海上进行捕捞作业，大海给予了疍家人各式各样的海鲜食材，而他们也用自己的智慧将这大海的馈赠烹调成最独特的美味。他们是最了解海鲜的水上一族，每天的饮食中也是三餐不离海鲜。因此，不论是海鲜食材的获得，还是海鲜的烹饪方法，没有谁比疍家人更得心

图 21　疍家咸鱼花腩煲

应手的了。疍家讲究的是食材的天然和新鲜，原汁原味，不像其他地方的烹饪习惯，不需要孜然、辣椒、味精等佐料，即使是贝类也只加点蒜茸即可，熟了之后再撒些葱花，既提味又保持了野生海鲜的鲜味和口感。他们将水烧开，把刚捞上岸的海鱼、海虾洗净，放入水中浸熟，加些盐、姜，辅以蒜、酱油即可，白水煮海鲜是海上人家独特的饮食味道。疍家人每天都会收获大量新鲜的海鱼，为了更好地保存，他们往往会选择将海鱼晒制成咸鱼干。在20世纪七八十年代，还能常常看到疍家人集体在港口附近的岸上晾晒鱼干的壮观之景。疍家咸鱼煲是传统的美食，原料是咸鱼干配以肥猪肉，大火烧开，再文火焖焗。咸鱼里的高盐分直接渗透到肥肉中，而肥肉中的油脂又将咸鱼的香气勾带出来，两种食材之间相得益彰，共同呈现出了一道渔家简单的美味。无论是搭配干饭还是稀饭，咸鱼煲都是开胃下饭的首选，满足了成日在海浪中颠簸劳累的疍家人对生活美食的朴素追求。

三、壮族延续其传统的饮食习俗

壮族是广西的世居民族，由秦汉时期的骆越、隋唐时的俚人、明清时的僮人逐步演变而来。广西北部湾地区壮族主要聚居在钦州市钦北区北部和钦南区黄屋屯镇，防城港市上思县，在钦南区康熙岭镇也有少量分布。壮族的饮食原料大多来自大山，食材异常丰富，风味食品众多。

图 22　壮族五色糯米饭

壮族的主食以大米和糯米为主，有白薯饭、南瓜饭、八宝饭、竹筒饭、生菜包饭、五色糯米饭等。在肉食上，壮族没有特殊的禁忌，有些地方爱吃狗肉，有些地方喜欢生食，如食用血生、鱼生等（与骆越的生食食俗相承）。他们喜欢食用的菜类丰富，有青菜、萝卜、豆、瓜，而且特别喜欢竹笋、银耳、木耳、菌类等山货。壮族人爱吃炒菜，很少吃炖菜，青菜要求炒得呈青绿色，稍熟即可吃，味道新鲜又有营养。壮族人还喜爱猎食烹调野味、昆虫，喜欢自己酿制低度的米酒、红薯酒和木薯酒，其中米酒主要用于过节和待客时作为饮料。另外，他们还喜欢在米酒中泡入猪肝、蛇胆、鸡杂、蛤蚧等作为自制药酒饮用。壮族这些传统的饮食风味独特、猎奇，且有健身、食疗的功效。

四、耕海牧渔的京族靠海吃海

京族是中国唯一一个以海滨渔业为生的少数民族，原居住在越南涂山、清化、义安等地，在15世纪（明代中期），京族陆续迁入广西中越交界的地方，逐步在今东兴市江平镇所属的巫头、山心、沺尾、红坎以及其他村镇定居下来，形成了京族独特的海洋饮食习俗。

图 23　东兴市江平镇京族拉大网

京族有其奇特的耕海方式和饮食习俗。拉大网、高跷捕鱼、鱼箔、虾灯捕虾、灯光船钓鱿鱼、塞网、鲨鱼网等是他们独特的渔业生产方式。这些是京族人民在长期的生产实践中，根据海情总结出来的耕海方式。

拉大网是京族人的集体劳动项目，凝聚着集体的力量。一张大网长达1000多米，重约2吨，价值达1万多元，由各家各户出资购买。早晨，京族渔民往往出动30多人乘船将大网拉到发现鱼情的地方，划小艇或竹筏将长达数百米的渔网慢慢放开，由滩边向海面围成一个周长800多米的半月形大圈。收网的时候，人们分成两组，各执网纲一头，两头齐心协力把网往岸上拉，一边拉一边徐徐靠拢，合力向滩岸拉收，直到网尽鱼起。这个过程一般会耗费4—6小时。现在一个大网拉下来一般能有几百至上千斤鱼，主要是大小黄鱼、马鲛鱼等。据说在20世纪七八十年代，曾经有一网打下1万多斤鱼虾的壮举。

高跷捕鱼是京族人民在长期的浅海捕捞过程中创造的独特捕鱼法，即渔民们踩着高跷用罾网在海滩上捕捞。而罾网是用一种竹竿和木棍支起的三角形渔网。每年农历六月至八月，在西南风起的时候，金滩的浅海上，便会有小南虾和其他鱼类从深海洄游到浅海。这时，渔民如果下海罾鱼虾，由于站在海水里，便看不到海里鱼群和虾群的走向。为此，聪明的京族人便“驳脚”高跷，在海水中居高临下地一边观察鱼情，一边捕捞，这就是京族的高跷捕鱼。由于采取这样的捕捞方法，一个人不用多久便能捕上几十斤甚至上百斤的鱼虾。据说年景好时，一个捕捞季节，渔民们捕捞的鱼虾竟达五百多吨。高跷捕鱼是一项力量与智慧相融合的捕鱼方式，捕鱼人不是简单地驳脚踩进海里，而是在高跷上肩扛着重重的罾网下海。由于驳脚会陷进水下面的沙，要拔起来再行走，还要在海水里面推罾、起罾、收罾、捡虾、抖罾等，需要捕鱼人力气和技术相结合的高难度技能。这种捕鱼虾的方式不仅给京族

图24　京族高跷捕鱼

图 25 虾灯捕虾

人民提供了丰富食材，增加了经济收入，还成为了独特而受游客欢迎的旅游体验项目。

虾灯捕虾：在入海口的河滩里或在虾塘里，京族人先在水中放置一些编织成螺旋状的虾笼并用树枝协助固定；每到傍晚，虾灯的主人就会划着小船点亮虾笼里面的煤油灯，利用虾的趋光性，让虾钻进笼子，第二天早上提起虾笼，就能轻松地捕获虾了。

灯光钓鱿鱼：在每年农历三月到五月的鱿鱼季，京族人还会利用灯光船吸引鱿鱼，用网捕捞或者使用假饵来钓鱿鱼。渔民们把船开到鱿鱼群出没的地点，把灯光打开。在静谧幽深的海面上，仅有灯光船在发亮，附近的鱿鱼群因为趋光性而向灯光船靠拢。这时，水面会有很多小鱼跃出水面，这些小鱼就是鱿鱼的主要食物。等鱿鱼群到了灯光船附近时，渔民就可以用网直接捕捞或者利用假饵模仿小鱼在水面跳动的形态吸引鱿鱼捕捉假饵，从而钓起鱿鱼。

鱼箔是京族人定置捕鱼的一种方式。在山心村，每年的农历四月至七月是渔产丰富的季节，京族人根据海洋鱼类因觅食、产卵或季节洄游形成的规律定置鱼箔。山心村的鱼箔两排有五六百米长，用竹木密插而成篱笆墙。篱笆墙斜对着立定在海中，构成一个倒“八”字巨型喇叭口。喇叭口的宽口一头朝着岸边，窄口一头连接内挂着密网的葫芦形栅栏，称为“箔漏”。栅栏内共分三进，按照退潮的顺序分别称之为“一港”“二港”和“三港”，每一“港”的面积也从六到三平方米逐渐变小。京族渔民首先将鱼箔的喇叭口正对着鱼儿退潮洄游的方向，然后把鱼箔的篱笆墙（“篱沟”）设定为约三米高。当海水涨潮时，鱼箔仍完全淹没，乘潮出游的鱼类可越过鱼箔进入近岸的海域；当海水退潮时，鱼箔开始露出海面，岸边亦不断现出沙滩。于是，那些洄游不快的鱼类便被拦在鱼箔中了。虽然鱼儿在箔中仍会继续寻找洄游或脱逃的途径，但最终的结果只能是顺潮陷入“箔漏”之中，最终成为渔人之利。为了引鱼入港，京族渔民晚上往往会在“箔漏”的第三“港”点上荧光灯，让趋光的鱼儿自投罗网。鱼箔年捕捞海鲜一般都在万斤以上，是京族人进行浅海捕捞最主要的设施之一。

京族人的肉食种类主要是鱼虾，主食有稀粥、捞饭、番薯等，他们的特色饮食还有炒米粉、风吹饼和白糍粑等。京族人的特有调味品是鲶汁（鱼露），其色泽澄黄、味道鲜美，是京族人佐餐时的蘸料以及凉拌菜的必备调味品。

图26　鱼露厂

五、散居的瑶族靠山吃山

广西北部湾地区的瑶族人散居在防城港市上思县的十万山区各乡镇，因此，靠山吃饭是瑶族饮食文化的显著特点。在饮食习俗上，瑶族不吃狗肉，对其他肉类并无禁忌。在历史上，由于瑶族有游耕的习俗，他们往往居住在交通不便利的山里，平时不常下山，因此，肉类通常做成腌肉、腊肉、熏肉和肉干等，以便于存放供日常食用。山上的野味、虫蛹、野菜等都是他们的食材，他们有采集山草药治病的习惯，部分日常菜肴中，也会加入一点山草药调味。广西北部湾瑶族风味特色食品还有五色饭、无骨板鸭、蛋壳饭等。

图 27　蛋壳腊味饭

可以说，早在清末时，广西北部湾地区已形成以中原南迁汉文化为主，疍家文化、客家文化各显特色，壮族、京族、瑶族文化交相辉映的多民族文化聚居区域。多彩的人文风情带来多样的饮食文化，广西北部湾地区的饮食文化不断得到发展，以当地原有的“饭稻羹鱼，果隋蠃蛤”（骆越饮食文化）为依托，融入了广府饮食文化、客家饮食文化、东南亚饮食文化，形成了具有本地特征的饮食文化：以大米为主食，喜食米粉，年节喜食粽子和米糍；以鱼、虾、贝类为主，辅之以猪、鸡、鸭等肉类为菜肴的主要食材来源，带有明显的粤菜系的特征，同时兼具一些其他菜系及少数民族的饮食特色，形成了立体而鲜明的各种饮食文化交汇的局面。

第四章　多样的食材

靠海近山临国境的广西北部湾地区，其食材来源丰富多样，既有海里捕捞的，也有咸淡水及滩涂捕捉的；既有海水养殖的，也有江河捕捞及养殖的；既有田地里种植的，也有山上捕猎及种养的。而这些，对于内陆居民来说，可能都会很惊奇——这都是什么鱼呢？这些螺都叫螺蛳吗？海里的虫子能吃吗？红树林里有能吃的东西吗？我们将带着大家一起走向广西北部湾地区的山林泽海，为大家揭开这些谜团。

图 28　北部湾海域海水养殖

一、大海的馈赠

广西沿海有一百多条河流汇入，河流带来大量微生物，为北部湾近海岸区域的各类水生动物提供了丰富的饵料。同时，由于北部湾近海岸地区水温常年保持在10℃以上，便于暖水性鱼类及虾、蟹、贝类等生物的生长，是中国的优良渔场之一。

生活在广西北部湾地区的人们对海味有着深深的眷恋，达到了“一餐无鱼味不香，三日无虾心中慌”的程度。他们常食用的海产品有鱼、虾、蟹、螺和各类软体动物，这些海产品有浅海捕捞的，浅海养殖的和滩涂养殖的。深海出产的海产品由于海水盐度较高，食用的口感没有浅海尤其是咸淡水交界处的海域所产海产品好，其鲜美程度也比不上浅海的。因此，广西沿海地区的市场上，以浅海及滩涂出品的海产品价格较高，深海海产品的价格相对略低。人们在食用时首选的是浅海的天然海产品。

（一）鱼

在广西沿海一带，人们餐桌上常见的鱼类就有近百种。在内陆地区人们的食谱上，鱼的种类一般不会超过十种，因此，当常年生活在内陆的人们到达这里，看到琳琅满目的鱼类会感到十分惊讶。

广西沿海民间有一句流传已久的谚语：“第一鲳、第二芒、第三第四马鲛郎”，说的是鲳鱼、芒鱼和马鲛鱼三种鱼在当地人日常生活中的地位，反映了在动物脂肪比较缺乏的年代，这三种鱼以数量多、价格低的优势，在人们餐桌上占据的份额。时至今日，有更多的鱼取代了这三种鱼的地位，但这三种鱼依然有值得一书之处。

鲳　鱼

学名鲳鱼，分淡水和海水等多个品种。人们食用更多的是海白鲳和金鲳。由于鲳鱼的经济价值较高，目前有比较多的渔民采用网箱养殖的办法养殖鲳鱼，他们往往选择在河海交汇的浅海建设网箱设备进行养殖。海白鲳和金鲳的肉质细嫩，脂肪含量较高。但如果是网箱养殖的产品，在品尝时可能会感觉到一点土腥味。人们一般挑选一条1斤左右的鲳鱼，用姜、葱、豉油以及一点猪油上锅蒸，做清蒸鲳鱼食用。

图 29　海白鲳

图 30　清蒸鲳鱼

芒　鱼

学名芒鱼，盛产于广西北部湾地区的入海口处中，是当地家庭餐桌上常见的经济鱼类之一。芒鱼体型较大，据说湄公河里产的芒鱼最大的一条可达100多斤。当地人们一般食用重量20—30斤左右一条的芒鱼。芒鱼只有主刺没有小刺，脂肪肥厚，肉质滑嫩，富含各种不饱和脂肪酸，其中，芒鱼腩的口感最好，味道最为鲜美，所以市场上也经常有单独出售芒鱼腩的。由于芒鱼带有一些土腥味，人们也叫它“泥芒鱼”。在烹饪时，当地人们常把酸梅等腌渍物与芒鱼一起焖煮，以去掉其土腥味，很少采用清蒸等方法烹煮。

图 31　芒鱼

图 32　酸梅焖芒鱼

马鲛郎（音译）

学名马鲛鱼。马鲛鱼物美价廉，刺少肉多，体多脂肪，肉质带有一点韧劲，尾巴的味道特别好，有“鲳鱼嘴，马鲛尾”之说。人们一般挑选1—1.5斤重的马鲛鱼食用，当地人喜爱在马鲛鱼表面抹点盐腌一下，斜着切片后用油煎制，做成香煎马鲛鱼块食用。

图 33　马鲛鱼

图 34　香煎马鲛鱼块

腊　鱼

腊鱼是广西北部湾近海常见的鱼类，有黄腊、黑腊和红腊等品种。由于腊鱼生长比较缓慢，人们较少养殖腊鱼。如果有人家养殖腊鱼，一般也不采用在海水中架设网箱的养殖方法，而是采用较大的池塘引入海水养殖腊鱼。

图 35　海水塘养

黄丝腊（音译）

学名黄鳍鲷，因其鱼鳍是黄色的。在腊鱼的三种常见品种中，黄丝腊的肉质最细腻，味道最鲜美，最受群众喜爱。人们一般挑选每条在2两至1斤大小的黄丝腊进行清蒸、煮汤或香煎。

图 36　黄丝腊

图 37　清蒸黄丝腊

黑腊（音译）

学名黑棘鲷。在腊鱼的三种常见品种中，黑腊的肉质细腻程度仅次于黄丝腊，体型一般比黄丝腊大一点，人们一般食用每条重量在3两至2斤的黑腊。因为体型较大，黑腊在大排档中比黄丝腊更受人们欢迎，适合用来清蒸、香煎和煮汤。

图 38　黑腊

图 39　腊鱼汤

红腊（音译）

学名真鲷。在腊鱼的三种常见品种中，红腊肉质较粗，腥味较重，体型较小，人们一般食用每条重量在2两至8两之间的红腊。比起清蒸，红腊更适合于香煎，人们喜欢将其晒成鱼干或者制成咸鱼，再香煎，有一种独特的香味。

图 40　红腊（真鲷）

石斑鱼

学名石斑鱼，是钦州的四大名海产之一。广西北部湾地区常见的品种有老虎斑、横带石斑鱼、细斑石斑鱼和巨石斑鱼。石斑鱼肉质非常细腻，表皮滑润，味道鲜美，其美味程度在当地人的餐桌上可以排到鱼类的NO.1。只可惜其价格非常高，无法经常出现在日常餐桌上。在各类酒店里的巨石斑鱼（龙趸）基本都是养殖的，每条可达20—50斤重。人们在食用巨石斑鱼时，往往采用一鱼多吃的烹饪方法，例如鱼头鱼骨熬汤，鱼肉刺身，鱼肠煎蛋等。烹饪石斑鱼的方法主要是小鱼打汤，中鱼清蒸，大鱼香煎，巨鱼还可以采用红焖或者红烧的烹饪方式。

图 41　钦州四大海产之一——石斑鱼

图 42　石斑鱼刺身

柴狗鱼

学名红斑鱼，俗名石狗公，是石斑鱼的一种，喜欢生活在近海礁石的石缝中。其体型较小，不容易长大，一般每条只有1—2两重，但其价格不低。在当地人的餐桌上，柴狗鱼一般用来单独做成柴狗鱼汤，或者与其他鱼一起煮成杂鱼汤，待汤煮好时，在起锅前放入一点芫茜，味道非常鲜美。

图43　海钓上来的柴狗鱼

多宝鱼

学名大菱鲆鱼，俗称欧洲比目鱼，在中国称“多宝鱼”，是世界公认的优质比目鱼之一。其胶质蛋白含量高，味道鲜美，肉质非常细腻，具有很好的滋润皮肤和美容的作用，且能补肾健脑，助阳提神；经常食用可以滋补健身。在当地餐桌上出现的多宝鱼基本是人工养殖的，经济价值极高。人们一般食用重量在每条1—2斤左右的多宝鱼，食用方法多为清蒸，其鱼头、骨、皮、鳍也可以做汤。

图44　多宝鱼

图45　清蒸多宝鱼

奎龙鱼

学名大头狗母鱼。其肉质比较结实，腥味较重，有小刺。人们一般挑选每条重量在3—6两的奎龙鱼食用。当地人主要用奎龙鱼做奎龙鱼饼，做法是把一条鱼去头，对半剖开、取骨，用刀拍出小刺，包上大量葱末，有的人家还会加入猪肉馅，然后放锅中小火煎透。香煎奎龙鱼饼因为鱼肉和葱香的充分结合，有一种特殊的香味。

图 46　奎龙鱼

图 47　香煎奎龙鱼饼

银　鱼

学名银鱼，体细长，体型非常小，成鱼也很少体长超过15厘米，全身呈半透明，死后呈白色。银鱼价格较高，但因其柔若无骨，味道鲜美，营养丰富，非常适合小孩和老人食用，所以在家庭和大排档的餐桌上都很受欢迎。当地普遍的做法为和海鸭蛋、鸡蛋一起香煎或煮汤。

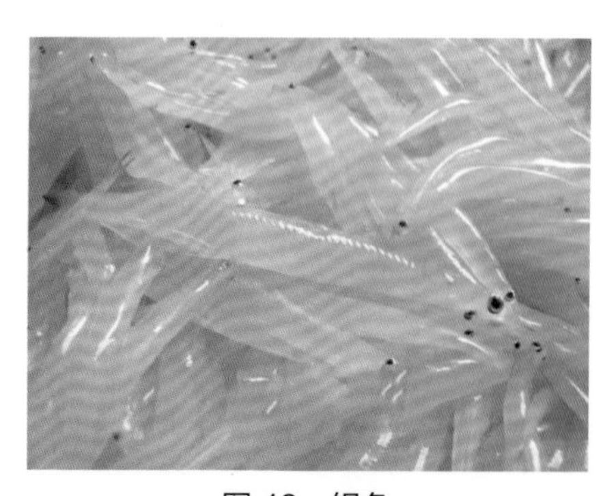

图 48　银鱼

图 49　银鱼煎蛋

沙箭鱼（音译）

学名多鳞鱚。北方地区常称沙丁鱼，南方地区叫沙尖鱼，属海水鱼。其肉质细腻，味道鲜美，小刺硬度不高，是经济价值较高的沙岸游钓鱼种。沙箭鱼中含有的一种脂肪酸可以防止血栓形成，对治疗心脏病有特效。沙箭鱼体型较小，当地人一般食用每条重约1—8两的沙箭鱼。如果把鱼用油煎得酥香，人们甚至可以将整条鱼连骨带刺都吃得一干二净。体型较大的沙箭鱼可以用来清蒸，风味更为独特。当地最有特色的做法是用榄子焖沙箭鱼。将采自山上的新鲜橄榄打碎后，放盐腌制成咸橄榄，先把沙箭鱼放锅里用油略煎，然后放入咸橄榄一起焖，无需放盐，这是典型的广西沿海的山海风味吃法，极为美味。

图 50　沙箭鱼

图 51　榄子焖沙箭鱼

巴碟鱼

学名巴碟鱼，是本地人最喜欢的小鱼之一，最大的也只有半个手掌大。其味道鲜甜，煮汤清蒸皆可。早年渔民出去捕捞，分拣出来的巴碟鱼一般无人收购，渔民只能留给自己吃。由于鱼太小，挑刺麻烦，渔民还开创了用巴碟鱼煮粥的吃法，即用一根竹枝穿过一串巴碟鱼的眼睛，在滚水中一烫，鱼肉就会纷纷落在水里，再把粥放进鱼汤中煮滚，加入姜葱盐调味，粥的味道鲜美，营养丰富，而且无刺无骨，尤其适合给小孩食用。广西北部湾地区有用巴碟鱼煮汤喂食婴儿让其开荤的习俗。（婴儿开荤，指的是婴儿出生100天以后可以添加辅食的一种仪式，人们认为婴儿只有在尝过第一道开荤菜后，才可以吃五谷百物。当地给婴儿开荤的做法是用巴碟鱼一两条、猪瘦肉一小片、猪肝或其他猪杂一小片放在一起煮汤后喂食小孩。）据说因巴碟鱼小、刺多，小孩如果能吃巴碟鱼，以后吃什么鱼都不用担心被刺卡着了。

图 52　巴碟鱼

滚（棍）子鱼（音译）

学名蓝圆鲹，是深海鱼中产量较高的经济鱼类。其肉质紧实，腥味较重，价格不高，是当地人可以经常食用的鱼类。人们一般食用每条重约5两至1斤的滚子鱼，下锅前先用粗盐腌制30分钟左右，再下锅两面煎，或者配上香芹青蒜焖，别有一番风味。

图53　滚子鱼

大眼鸡（音译）

学名大眼鲷，属深海鱼，也是产量较高的经济鱼类。其皮厚肉粗，人们一般食用每条重约3—6两的大眼鸡。中国大多数地方的烹饪方法是不去鳞，把鱼连皮清蒸，在入口前再把皮剥掉。而广西沿海一带的吃法是去鳞剥皮后，在油锅里煎香，然后放酱油焖一会即可出锅。由于该鱼的眼睛比其他鱼略大，当时有吃鱼眼睛补眼的说法。

图54　大眼鸡

红衫鱼（音译）

学名金线鱼，是广东、广西、海南等省近海拖网捕捞的鱼类。其肉质丰厚，食用价值较高，经过冰鲜、腌制和干晒等初加工后的红衫鱼均可销售，储存。广西北部湾地区的人们特别喜欢把3—6两的红衫鱼在刨去鳞片后，用粗盐摩擦表面，腌制一夜，第二天香煎。煎后鱼皮香脆，鱼肉细滑紧实，咸度不是很高，配上白粥，非常爽口。这种咸鱼的做法在当地被称为“一流盐”，也有人戏称为“一夜情”。

图55　香煎红衫鱼

鯆鱼（音译）

学名鳐鱼，又叫魔鬼鱼。其背部有一根毒刺，如果人被刺中，有可能会死亡，但浅海垂钓的渔民们都懂得如何避开毒刺攻击。由于鯆鱼体型较大，当鯆鱼吞下饵料后，渔民一般要与之搏斗半个小时以上，并需要使用钩子勾住鯆鱼的鼻孔，才能将其拉出水面。目前在广西北部湾地区无人养殖鯆鱼，市场上能买到的都是野生鯆鱼。人们一般食用每条1—40斤重的小型鯆鱼，其肉质滑嫩，但腥味较重，适合切块后放入酸梅、豆酱一起蒸，或者放酸菜之类的进行焖煮。鯆鱼的骨架基本都是软骨、不带硬刺，也很适合给小朋友食用。

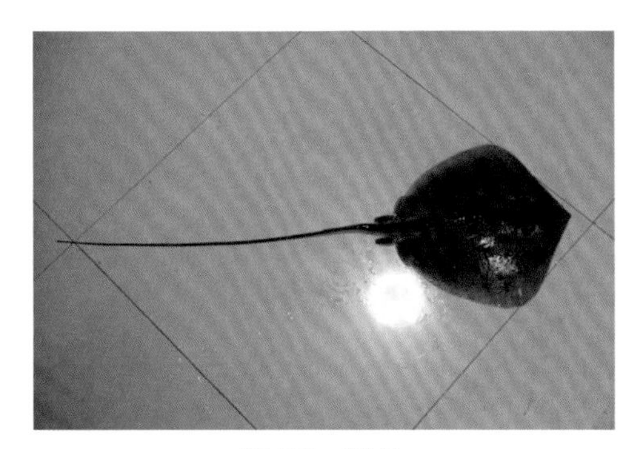

图 56　鯆鱼

图 57　酸梅豆酱蒸鯆鱼

九利仔（音译）

学名龙利鱼，比目鱼属，也可称为鳎目鱼。其味道鲜美，出肉率高，口感爽滑，鱼肉久煮而不老，无腥味和异味，高蛋白，营养丰富。人们一般选取每条5钱至3两重的九利仔用来香煎或酥炸，选取单条半斤重以上的九利仔配姜葱来清蒸。当地的烧酒佬（爱喝酒的人）特别喜欢把油炸的九利仔用来当下酒菜。

图 58　香炸九利仔

海鲈鱼

学名日本真鲈，也被称为花鲈。主要分布于近海及河口海水淡水交汇处。海鲈眼大身宽，身体上部青灰色，侧线下部灰白色，体侧和背部有黑斑，背鳍长且硬如骨刺。其形象丑陋，性情凶猛，却是肉质细嫩、味道鲜美的名贵鱼种。在广西北部湾海域，以在钦州市与防城港市交界的茅岭江捕捞到的海鲈鱼最为肥美，钦州与合浦交界的大风江沿江入海口处也有较多分布。人们一般食用每条1—3斤重的海鲈鱼，超过3斤的鲈鱼肉质会比较粗糙。茅岭江鲈鱼肉

图 59　茅岭江鲈鱼

质特别细嫩，口感清甜，无土腥味，适合清蒸。每年的4月左右是海鲈鱼洄游产仔的季节，这时的海鲈鱼有的重达15斤。海鲈鱼的烹饪方法有清蒸、切段香煎、砂锅焖煮、清炖鲈鱼汤、鲈鱼羹、鲈鱼肉丸等。防城港市“茅岭江鲈鱼”已成为当地美食的“金字招牌”。

非洲鲫

学名罗非鱼，通常生活于淡水中，也能生活于不同盐份含量的咸水中。广西北部湾地区人们食用的罗非鱼主要是在咸淡水中养殖的，虽然其经济价值不是特别高，但因为成长速度快，引来不少渔民利用咸淡水进行养殖。人们一般喜欢食用约8两到1斤重一条的罗非鱼，如果是纯淡水塘养的鱼可能会有土腥味，鉴于其肉质偏紧实，一般采用豉油蒸鱼、豉油煮鱼和酸菜煮鱼的烹饪方法，这几种烹饪方法都会使罗非鱼与配料的味道相互渗透，颇具地方特色。但如果是在咸淡水中养殖的罗非鱼，其土腥味较少，可以采用清蒸或香煎的方法进行烹饪。

图 60　香煎罗非鱼

海白鳝

学名鳗鲡，其在海里出生，回游到江河里生长。广西北部湾地区餐桌上的白鳝多是咸淡水养殖的，肉质细嫩、肥润、味道鲜美，不过小刺稍多。因为海白鳝价格较高，且性格凶猛，牙齿锋利，较难处理，所以在家庭餐桌上较少见，更常见于大排档及高档酒店的餐桌上。人们一般食用1—2斤重的白鳝。为了美观，厨师们在杀好鱼后，不完全切断白鳝的皮肤，像盘龙一样摆放在碟子里，加入豆豉和豉油一起上锅蒸制，这就是豉汁蒸白鳝，当地最常见的做法。

图 61　豉汁蒸白鳝

乌子婆

学名银蓝子鱼。乌子婆属于暖水性近岸鱼类，栖息在岩礁或珊瑚礁区，主要以附着在礁石上的藻类为食，腹内有一股藻食鱼特殊的味道，所以也被称为臭肚。鱼体呈长椭圆形，背鳍和臀鳍的鳍棘部和鳍条部凹凸不齐，尾柄细长，尾鳍深分叉。其明显特征为沿着鳃盖末缘有一明显黑带。鱼体的背面呈深蓝色，体侧则有许多黄色的细斑纹散布其上。背鳍硬棘13枚、软条10枚；臀鳍硬棘7枚、软条9枚。体长可达46厘米。另外各鳍的鳍棘上有毒腺，人们如果不小心，手就会被刺到引起剧痛，在抓鱼时要特别小心。其肉质紧实细嫩，人们一般食用3—8两重一条的乌子婆。由于在广西沿海三市销售的乌子婆都是野生的，尽管体型不大，却能受到人们的青睐。最常见的做法是香煎乌子婆和生焖乌子婆。

图62　乌子婆

跳跳鱼

学名弹涂鱼。鱼体呈圆柱形，一般体长10—20厘米，体重在4钱—1两。它们有着极强的弹跳力，一般栖息于河口咸淡水水域，近岸滩涂处或底质烂泥的低潮区及红树林里。涨潮时，它们躲在洞穴里；而在低潮位时，它们能靠鳍跳过泥潭，甚至爬上树根。弹涂鱼可以脱离水生活，是因为它们的呼吸一半靠鳃，一半靠皮肤。只要皮肤保持湿润，它们就能在水外一次待上几个小时。它们在鳃腔储存水，这使得它们能脱离水，在空气中生存。弹涂鱼的眼睛长在头顶，有助于寻找食物和发现险情。其肉质鲜美细嫩，爽滑可口，含有丰富的蛋白质和脂肪，有“海上人参”之美称，适合给老人和小孩食用。此外，弹涂鱼还具有补身及加速伤口愈合的作用，对手术后的病人及产后妇女有较好的滋补功效。其烹调方法多样，可清炖、红烧、油炸、汆汤及制鱼干。常见的做法是跳跳鱼汤。

图63　跳跳鱼

（二）虾

广西北部湾地区常见的虾类有泥虾、麻虾、对虾、花虾、白虾、虾勾哒等。其中，对虾（明虾）也是钦州市的四大名海产之一。

泥 虾

当地也称九虾，一般生活在北部湾海域的江海咸淡水交汇处，以野生的居多。泥虾一般个头不大，最大的体长也不超过8厘米，但由于其生长在咸淡水水域，营养丰富，壳较软，肉质弹牙有韧性、易消化，对身体虚弱的人有一定的滋补作用。在广西沿海三市，烹饪泥虾的方法有两种：一种是白灼虾，即把水烧开后，滴上两滴花生油，放入一小扎葱，把虾放到锅里。等虾慢慢变弯，慢慢变红，用当地的民间谚语“鱼熟鱼眼凸，虾熟虾弯弓”来判断，就可以知道虾到什么状态是煮熟的标志了。另一种是干烧，当地叫“柯（音）虾”，即把锅烧热，放入姜片，再把泥虾倒入锅中，撒入一些料酒，虾在变熟的过程中会出水，酒会逐渐挥发，所以在把酒和水烧干的过程中，虾会慢慢变熟，这种做法能最大程度保留虾本身鲜甜的味道。除了白灼和干烧，泥虾还可以用煎焖炸的方式做成油焖虾和虾仔饼。

图 64　泥虾与虾仔饼

对 虾

学名东方对虾，又称中国对虾、中国明对虾、斑节虾，是钦州四大名海产之一。北部湾海域出产的对虾体长而侧扁，甲壳薄而肉多，光滑透明，呈青蓝色或粽黄色，额剑上下缘都有锯齿，尾节末端很尖。其中，钦州生产的对虾历史悠久，在国内外市场上久负盛名，在明代日本及东南亚诸国美其名曰“中国大明虾”。虾有减少血液中胆固醇含量，防止动脉硬化等作用。其肉味清香鲜美，肉质嫩滑可口、食而不腻，是高蛋白、低脂肪、高能量的滋补优质的水产品，为宴席上的高级佳肴。常见的烹饪方法是蒜蓉粉丝清蒸虾和白灼虾。

图 65　养殖对虾的虾塘

图 66　白灼对虾

虾勾哒（音译）

学名虾蛄，也叫濑尿虾，是一种营养丰富、汁鲜肉嫩的海味食品。其肉质含水分较多，肉味鲜甜嫩滑，淡而柔软，并且有一种特殊诱人的鲜味。每年春季，正值其产卵的季节，肥壮的虾蛄脑部满是膏脂，肉质十分鲜嫩，味美可口，此时食用为最佳。虾蛄虽然壳多肉少，但其蛋白质含量高，而且含有脂肪、维生素、肌苷酸、氨基丙酸等人体所需的营养成分。当地人判断虾蛄肉质是否丰厚的标准：煮熟的虾蛄是否卷曲起来。虾勾哒如果含膏多、肉质厚实（当地人称为肥），煮熟后整个身子会卷起来。烹饪虾勾哒的方法有椒盐虾勾哒、白灼虾勾哒等。由于虾勾哒的壳比较难剥，有经验的人会用剪子把两侧的壳边剪下，这样就能很容易地将虾壳打开，把虾肉取出来了。

图 67　虾勾哒

图 68　椒盐虾勾哒

（三）蟹

鱼虾蟹，在广西沿海是根据其出现在餐桌上的频率排序的，而不是根据其美味程度。螃蟹可以说是大海给人类最好的馈赠。秋季是吃螃蟹最好的季节，因为秋季的螃蟹正值产卵期，肉质最肥厚。这时最受欢迎的是母蟹，它们的肚子里藏了饱满的蟹子。因为蟹子呈绵软的膏状，所以当地人称其为蟹膏。当地人们经常食用的螃蟹有花蟹、青蟹，还有沙蟹等。

花　蟹

学名远海梭子蟹，当地经常食用的是蓝花蟹和红花蟹。花蟹养筋益气、理胃消食、散诸热、通经络、解结散血。对于淤血、黄疸、腰腿酸痛和风湿性关节炎等有一定的食疗效果。蓝花蟹的公蟹和母蟹长相不一样，一般行家更喜欢挑母蟹，因为母蟹肉比较肥厚。花蟹的肉质紧实鲜美，一般用清蒸和干锅蒸的烹饪方法。

图 69　公蓝花蟹（左）和母蓝花蟹（右）

青　蟹

学名锯缘青蟹。青蟹肉质鲜美清甜，营养丰富，兼有滋补强身之功效。尤其是怀孕的雌蟹，体内会产生红色或者黄色的膏，当地称其为“膏蟹”。膏蟹的价格比普通青蟹的价格要高一倍以上。在当地市场，青蟹的个头一般都比花蟹大，价格也比花蟹要贵得多，而且花蟹一般用塑料绳捆绑，青蟹却用吸饱了海水的草绳捆绑。这就让人们觉得一斤青蟹用了半斤绳子捆绑，捆青蟹的绳子是世界上最贵的绳子。但真实的情况是，由于螃蟹是两栖类动物，死去的螃蟹带有毒素，无法销售和食用，只有用泡过海水的草绳捆绑才能延长螃蟹的寿命，所以

图 70　青蟹

图 71　青蟹生地汤

商家一般采取了这样的“保鲜”及“保价”措施。青蟹常见的烹饪方式有清蒸、打汤和煮粥等。其中，青蟹生地汤是当地知名的药膳，有清凉解毒、降血压、治牙痛等作用。

沙　蟹

学名沙蟹，是温海潮间带和潮上带生活的优势蟹类。它们穴居在沙滩上比较深的洞穴中，洞结构一般呈螺旋形，洞口形成沙塔，这是沙蟹辛勤搬运沙子所垒成的。沙蟹就像沙滩上的艺术家，用一个一个挖出来的沙球，创作出美丽的沙滩画作。在沙滩上，远远地，人们会看到一些极细小的小沙球和一些小洞。但当人们走近时，中间较大的白球会齐刷刷地退进洞穴中，只留下洞口和小沙球。可是如果人们蹲下来耐心等待一会，小沙蟹们又从小洞里钻出来了。沙蟹因为体型极小，一般是连壳带肉吃，或者用来捣碎加盐腌渍成为沙蟹汁佐餐用。但由于沙蟹在捣碎前，并没有经过热加工，所以，肠胃不好的人不适合食用沙蟹汁。当地较有名的用沙蟹做的菜是上过《舌尖上的中国》第二季的沙蟹汁炒豆角，当地人吃白切鸡时也喜欢用沙蟹汁作佐料汁。

图 72　沙蟹

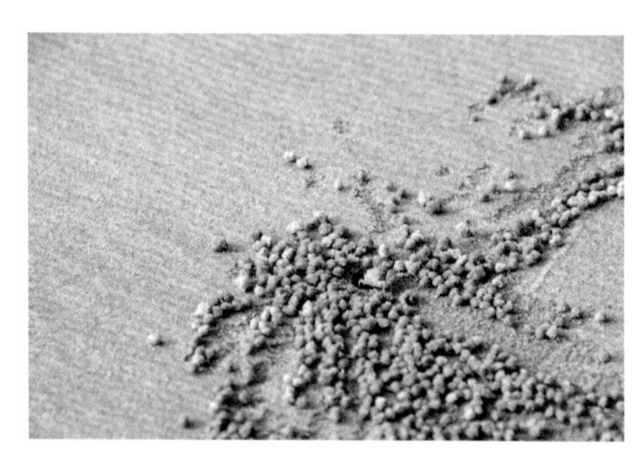

图 73　沙蟹的沙画艺术

图 74　沙蟹汁

（四）螺

广西沿海常见的螺品种繁多，有大蚝、鲍鱼、车螺、扇贝、角螺、花甲螺、香螺、吞螺、白鸽螺、插螺、马蹄螺、飞螺、滑螺、红螺、肚脐螺、象鼻螺、石头螺等等。螺肉嫩、鲜，性不热，凉润兼备，大部分螺价格不高，经济实惠，是寻常百姓家餐桌上的常备菜，也是夜宵摊上的宠儿。

大　蚝

图 75　广西沿海三市夜市摊上的缤纷螺类

学名近江牡蛎，含有各种维生素、矿物质及人体所需的各种氨基酸，其蛋白质含量相当于牛肉，但脂肪含量只有牛肉的百分之一，而且大蚝含锌量极高，有“海底人参”“海中牛奶”之称。广西北部湾海域的钦州湾出产的大蚝以体大、柔嫩、味正著称，是钦州四大名海产之一。同时，钦州也是中国大蚝之乡，目前全国70%以上的蚝苗都出自钦州茅尾海。

大蚝食用价值极高，味道极其鲜美，在无污染的水域出产的大蚝可以生吃，不但没有腥味，而且有甘甜的味道，其他烹饪方式还有烤、煮汤、煎、焖、蒸、炒等。蒜蓉烤大蚝是近年最流行的街头小吃，是美食从殿堂走入民间的最佳代表。蚝肉还可制成罐头，煮熟烘干为蚝豉，鲜蚝汤经过提炼浓缩后成“蚝油”，名扬海内外。

图 76　茅尾海蚝排养殖

蚝　蛎

学名牡蛎，是附着在海边礁石上的体型较小的牡蛎。其经济价值极高，但获取的过程着实不易。人们需要用专用工具撬开蚝蛎壳，用手取出小小的蚝蛎肉，重复上千次同样的动作才能收获1斤左右的蚝蛎肉。当地的老人普遍认为蚝蛎的营养价值比大蚝高，通常用来煮粥给孩子食用，还用来生焖或煎蛋。广西沿海一带的蚝蛎煎蛋的做法与福建、台湾的蚵仔煎不同，其做法类似于虾仁煎蛋，是当地人特别喜欢的一道家常菜。

图 77　生蚝

图 78　蒜蓉烤大蚝

图 79　渔民在海边的岩石上撬蚝蛎

图 80　蚝蛎煎海鸭蛋

车　螺

学名文蛤，多栖息于浅海的沙泥底，喜欢生活在有淡水注入的河水湿地与潮间带等地区。因为车螺肉质鲜美、经济价值较高，广西沿海三市有较多人从事文蛤养殖。车螺的常见烹饪方法有做汤和焖煮。最常见的是车螺芥菜汤，车螺的鲜甜中和了芥菜的苦，汤鲜菜美，在炎热的夏季有清凉解暑的功效，无论是来自哪个省份的人们，都能接受这道鲜美清甜的汤。

图 81　车螺芥菜汤

花甲螺

图 82　姜葱炒花甲螺

学名油蛤，别名芒果螺。花甲螺的壳椭圆修长，壳质光滑，泛着一层油光，花纹细密。花甲螺肉质细嫩，鲜甜，适合生炒。人们把花甲螺配上姜葱或者酸笋爆炒，再放一点蚝油，即是美味佳肴。花甲螺价格低廉，以其不到10元一斤的价格，鲜美肥嫩的口感，成为夜市上的宠儿。现在的餐饮界流行老友（酸笋）炒花甲螺和锡纸烤花甲螺的做法。

织布螺

学名小眼花帘蛤，市面上很多人也称这种螺为花甲螺，但是其比花甲螺小一点，没有花甲螺的肉质细嫩，味道也没那么鲜美，价格比花甲螺稍低，其烹饪方法与花甲螺一样。花甲螺的壳上是红色的花纹，纹理是滑润的，而织布螺的壳是灰黑色花纹，纹理有凹凸的。每年织布螺上市的时间比花甲螺早，所以也有市场。

扇　贝

学名扇贝。其肉质鲜美，营养丰富，它的闭壳肌干制后即是“干贝”，被列入八珍之一。扇贝可以食用的部位是开启贝壳的壳内肌和生殖腺，大大的壳内肌为白色，味道鲜美可口。蒜蓉粉丝蒸扇贝和蒜蓉烤扇贝都是当地很受欢迎的美食。

图 83　织布螺

图 84　蒜蓉粉丝蒸扇贝

蛏

学名蛏子。在广西北部湾地区流行的白话中，一般读“吞”。煮熟后的蛏肉有两条长长的触手，孩子们喜欢称它为“小白兔”。蛏因其形状美而深受人们喜爱，其烹饪方法很多：清蒸蛏子、蛏子汤、清炒蛏子、梅菜梗炒蛏子、酸笋炒蛏子等。不过，当地人认为蛏子是发物，过量食用可能引起慢性疾病，脾胃虚寒者应少食。

图 85　蛏子

海　螺

学名棒锥螺，生活在潮间带或低潮线至40米深的泥沙质海底。渔民捕捞鱼虾时，棒锥螺经常挂在渔网上，不胜其扰。但由于当地夜宵摊的盛行，棒锥螺作为夜宵摊价格最低的一种螺，受到人们欢迎。当地食用棒锥螺的方法也很独特，厨师会用钳子先把其尖锥处剪断，清洗干净螺身，再将之与姜葱、蚝油、假蒌等一起炒制。人们在食用时，先用嘴含住螺壳的细窄处把螺肉吸紧，再从大口处一嘬，整条螺肉就出来了，几乎不用把手弄脏，就能吃到螺肉。

红　螺

学名血蛤（蚶），又名毛蚶、泥蚶、花蚶等，是一种贝类海洋生物，生长在滩涂里。因其拨开壳可以看见血红色的分泌液，所以当地人们一般叫其红螺。常见烹饪方法是水煮红螺和红螺炒萝卜樱。由于红螺生长在滩涂上，带壳烹煮时会因其吐泥不够充分而在壳上积存淤泥，所以人们在食用时，需要在煮螺水里涮一涮螺壳里积存的淤泥，才能把螺拿来蘸上汁吃。

图 86　棒锥螺

图 87　水煮红螺

带子螺

又称日月贝，北方称鲜贝。常见的有两种：一种是长带子，属江瑶科贝类的团壳肌；另一种是圆带子，属扇贝科贝类的闭壳肌。其干制品即为江瑶柱，北方称干贝。带子在广东、海南沿海盛产，是名贵海产品之一。带子螺肉质爽软，滋味鲜美，清蒸、香煎皆宜。

无水螺

图 88　带子螺

是笠螺的一种，生长在海边的礁石上。当地人觉得它和其他长在海里的螺不同，不需要海水泡着也能成活，就称其无水螺。但其实无水螺是因为涨潮时，礁石被海水覆盖，而且它们的主食就是礁石上的附着物，所以一直生活在礁石上。它们有大有小，市场上18—25元一碟就能有上百只螺。人们边慢慢撩螺，边喝饮料，边聊天，就可以消磨一晚的时光，所以无水螺成为夜宵摊上最经济实惠的螺种。

在食用时，人们先把无水螺用开水白灼，然后用别针把螺肉撩出来蘸酱汁食用。当地夜宵摊撩螺的工具从来不是牙签、细针之类的物品，因为太容易断，而细针又容易伤人，也不容易存放，所以人们挖掘了别针的潜力，配上一块姜，把别针尖的一头插进姜里即可以用姜来消毒杀菌。蘸料则是用大叶芫茜和番茄酱或者甜辣酱配上豉油，酸甜辣香的味道组合，配合螺本身的鲜甜，组成广西沿海一带撩螺的复合味。

图 89　无水螺

图 90　撩螺工具和蘸料

辣　螺

图 91　辣螺

中文学名疣荔枝螺，俗称辣玻螺、辣螺，腹足纲、新腹足目、骨螺科，系广温性底栖贝类，分布在潮间带岩石间。辣螺最独特的一点就是自带辣味。在食用时，人们先用开水把辣螺煮熟，无需配上任何调料，螺肉就能带来辣舌头的口感。因为这独特的味道，辣螺成为当地夜宵摊的畅销螺种之一。

肚脐螺

是玉螺的一种，因为当地人觉得长得和肚脐有点像，爱称其为肚脐螺。肚脐螺因其肉质爽脆，还带有特殊的香气而受到青睐。肚脐螺是夜宵摊上价格比较高的一种螺，但是和其他个头越大就越贵的螺不同，肚脐螺是越小的越贵，其大小约与一元硬币大小相同的个体最适合人们食用，老少咸宜。因为过大的肚脐螺肉质坚韧，牙口不好的人就嚼不动了。肚脐螺也适合用开水白灼之后蘸酱料的吃法。

图 92　肚脐螺

香　螺

又名花螺、东风螺、海猪螺和南风螺。香螺属软体动物腹足纲蛾螺科东风螺属，分布于中国东南沿海，东南亚及日本也有分布。其肉质鲜美、酥脆爽口，是国内外市场近年十分畅销的优质海产贝类，被认为是当今最有开发前景的海产养殖良种之一，近年来已在东南沿海为养殖者接受并逐步形成养殖规模。在广西沿海一带的夜宵摊中，香螺是价格最高的一种螺，目前价格在每斤60元以上，是人们在夜宵摊中请客最有面子的一种螺，而且它也能登上高级酒店的大雅之堂。因其肉质脆嫩，自带异香，故称其为香螺。在食用时，人们一般采用白灼的烹饪方式，尽情地享受香螺最本真的香味。

图 93　香螺

（五）软体动物

鱿　鱼

学名枪乌贼，闽台地区叫其花枝。鱿鱼营养成分含量多，脂肪含量少，营养价值丰富，口感富含弹性，肉质鲜美。每年农历三月，是鱿鱼回到近海产卵的时节，这时候最适合钓鱿鱼。到了夜晚，渔船开至鱿鱼聚集的海域，亮上一盏渔灯，一船的钓客只需要把钓钩放入海水中，轻轻挥动钓钩，让其在水面上下跳动，无需任何钓饵，就可以空杆钓鱿鱼了。鱿鱼具有趋光性，而且会认为空钓钩是食物，便会用触手缠绕上钓钩，这时，钓客只需要眼疾手快地把鱿鱼拉离海面，就可以收获肥美的鱿鱼了。

图 94　水煮鱿鱼筒

白灼鱿鱼是最有挑战性的食法。在渔船上，人们可以取来刚从海里钓上来的浑身发青光，活力十足的活鱿鱼，不掏内脏，稍洗干净外表，扔进已配好生姜、蒜头的开水里，煮上十多分钟后，把煮熟的鱿鱼连墨带须，开牙就咬，口感滚烫、清甜。由于鱿鱼没有去墨，人们在食用时牙齿会变黑，但其实鱿鱼墨不但能吃，还有清热解毒、去污生肌的药效。

新鲜的鱿鱼还可以和酸菜等一起炒；也可以做成香煎鱿鱼筒；大多数城市流行的街头小吃——火爆鱿鱼，也是用新鲜鱿鱼作为原料的；还可以制成鱿鱼干后，再经烤制成鱿鱼片、鱿鱼丝等。鱿鱼丝方便携带和保存，现在已经成为广受国人喜爱的零食。

墨　鱼

学名乌贼。墨鱼可以说全身是宝，不但肉质鲜脆爽口，具有较高的营养价值，还富有药用价值。因为墨鱼个头都比较大，一般是切片料理，为了易熟和美观，有时还要间花刀（在生的墨鱼块上切几刀，不切断，将其炒熟后，会呈现出肉瓣翻开的效果）。菠萝炒墨鱼、芹菜炒墨鱼和青椒炒墨鱼是当地人们比较喜欢的做法。其中菠萝口味酸甜，可清理肠道、美容瘦身，墨鱼低脂肪、低热量，蛋白质含量很高，二者相配，最受欢迎。

图 95　墨鱼

图 96　菠萝炒墨鱼

八　爪

学名章鱼。章鱼含有丰富的蛋白质、矿物质等营养元素，还富含抗疲劳、抗衰老，能延长人类寿命的重要保健因子——天然牛磺酸。沙姜焖八爪是当地人们最经典的吃法之一，沙姜有温中散寒，开胃消食，理气止痛的功效，章鱼有益气养血的功效，两者搭配效果甚好。章鱼的肉质比较有韧性，切的时候要相应的切小一点，炒的时候要特别注意控制火候，炒的时间短了会没有炒熟，时间长了会把肉质炒老了，都会影响口感。

图 97　沙姜焖八爪

海　参

海参是生活在海底的海洋棘皮动物，距今已有六亿多年的历史。广西北部湾沿海不产海参，人们却常食用海参。因为当地人食用的不是贵重的刺参，而是茄参。茄参也叫光参或者海茄子，是中国可以食用的20余种海参之一。广西沿海的茄参都是泡发的，少见新鲜的，虽然茄参没有刺参营养丰富，但当地人认为茄参可以补肾，是一种很好的滋补圣品。当地人喜欢让孩子们食用茄参，据说茄参有帮助孩子们防止夜晚尿床的功能。茄参一般用来做汤，加入一点猪肉和葱花同煮，就是一道鲜美的海参汤了。

图 98　茄参

沙　虫

学名方格星虫。沙虫，名不美，貌不雅，但其营养、味道及食疗价值都不亚于其他名贵海产珍品，因而素有“海滩香肠”的美誉。沙虫肉质脆嫩，味道鲜美，营养丰富，富含蛋白质、脂肪和钙、磷、铁等多种营养成分，具有较高药用功效和食疗价值。其性寒，味甘、咸，有滋阴降火、清肺补虚的功效，是老少皆宜的食疗佳品。沙虫的味道胜过海参、鱼翅。由于海参和鱼翅本

图 99　沙虫刺身

身没有鲜味，所以在烹饪时一定要加鸡肉或瘦肉等配料，否则就索然无味。而沙虫本身具有鲜味，不必加别的配料，单独干吃或鲜食都很有滋味。除了当地居民喜吃沙虫之外，高档酒店、酒楼食肆的名贵佳肴也喜用沙虫做食材。当地民间凡有身体出现骨蒸潮热、阴虚盗汗、肺虚咳喘、胸闷痰多以及妇女产后乳汁稀少等症状，有用沙虫来做食疗的习俗。比较常用的做法是用沙虫加姜片煲瘦肉汤饮、煮沙虫粥等。

沙虫生长在沿海滩涂，对生长环境的质量十分敏感，一旦污染则不能成活，因而有“环境标志生物”之称。随着人们对沙虫的需求日益增多，沙虫的价格也逐渐攀升，成为海边一种名贵海产。鲜活的沙虫根据体型不同，在市场上的价格不同，目前个小沙虫售价为40—50元一斤，个头大的沙虫售价达80元一斤。

一般可食用的沙虫体长十余厘米，像一根小香肠，由于身体结构简单，洗去沙虫肠内的沙粒便全是美味了。但清洗沙虫是一个技术活，有经验的老手才能做得好。人们需要先把沙虫的内里完全翻出来，除掉盈满沙粒的肠，再用清水仔细清洗，万一不小心挑破了沙肠，沙粒渗进肉里面，就再也难入口了。蒜蓉粉丝蒸沙虫和炸沙虫都是人们喜欢在当地海鲜餐厅品尝的菜肴，喜欢吃鱼生的人还可以试试沙虫刺身，入口鲜脆。

图 100　在海边收购沙虫的渔民

泥　丁

又叫“泥虫”或“土钉”，主要分布于广东湛江市以及广西北部湾沿海。与生长在沙质滩涂的沙虫不同，泥丁生活在泥质滩涂里，尤其喜欢生活在红树林根部。泥丁整年都可采挖，尤其是到了重阳，秋高气爽的季节，泥丁个体较大时，人们成群结队下滩采挖。熟练的渔民凭着滩面留下的小虫孔，用特制的三角形虫锄，翻开表层的泥土寻找带粉青色泥土的虫道，轻轻浅挖，就可采挖到泥丁了。闽南小吃——土笋冻就是用泥丁为原料制作的。广西沿海一带，人们认为泥丁是一种补气益中的食品，常用的做法是泥丁汤、韭黄炒泥丁和萝卜丝炒泥丁等。其中泥丁汤是把泥丁洗净后，将其内外翻转，去掉内脏，但留下体液（当地俗称泥丁血），沸水中放下切好的冬瓜丝和少许瘦肉丝，再次煮沸后，把滚烫的汤液往泥丁里一冲，撒入葱花，调好味，一盆鲜美营养的泥丁汤就做好了。

图 101　韭黄炒泥丁

禾　虫

学名疣吻沙蚕。其多栖身于咸淡水之交的稻田表土层里，以禾、植物为食，成熟的禾虫身长5—10厘米，通体粉红色，含有丰富的蛋白质和维生素，属海产品中的极品。清朝屈大均在《广东新语》里描述禾虫“夏暑雨，禾中蒸郁而生虫，或稻根腐而生虫。稻根色黄，禾虫者，稻根所化，故色黄。大者如筋许，长至丈，节节有口，生青，熟红黄。霜降前禾熟则虫亦熟。以初一二及十五六，乘大潮断节而出，浮游田上。网取之，得醋则白浆自出，以白米泔滤过，蒸为膏，甘美益人，盖得稻之精华者也。其腌为脯作醓酱，则贫者之食也。”意思是禾虫是从稻谷的根部生出来的，大的禾虫像筋一样粗，长达30米，是一节一节的，没成熟的时候是青色的，成熟的时候会变成红色或黄色。在霜降之前，稻谷成熟的时候，禾虫也成熟了。其出造的季节性很强，只有在农历八月

图 102　禾虫煎蛋

初一二、十五十六大潮时，一节一节的禾虫断开了，密密麻麻地浮游在河涌的水面，颇为壮观。人们守候在河涌出口处，抓紧时机用网捕捞。在20世纪60—70年代，每人一次可捕捞数百斤禾虫。人们把捞上来的禾虫用醋一泡，它就会爆出白浆，然后用淘米水过滤后，把它放到锅内隔水蒸熟，禾虫会呈膏状，尝后鲜美可口。屈大均认为，这是因为禾虫吸取了稻谷的精华。但其实禾虫的出期正值其性成熟期，肚子里都是饱满的卵，富含蛋白质。在物质匮乏的年代，对于只有在年节时才能吃上鸡鸭肉的一般人家来说，禾虫是便宜却营养丰富的上等菜肴。所以人们趁禾虫出产的季节，会把禾虫煮熟加盐腌制保存，延长其食用时间。20世纪80年代后，随着农田施用农药后，禾虫的产出逐渐减少了，价格逐年攀升，现在有的地方开始人工养殖禾虫。

广西沿海民间有“禾虫三日命”的说法，那是因为以前在每年农历八月大潮时，禾虫成熟出造的时间仅有两天，自然状态下雌禾虫产卵后24小时内就会死去，而被人们捕捉到的禾虫则在第三天变成腹中美食，都只有三天的寿命。“等禾虫”是当地老人的绝活，每年农历四月至八月大潮，当海里涌上来的咸水覆盖农田时，是禾虫成熟出土的时节，而黄昏是禾虫出土的惯例时间（月明时少出，月黑时多出）。那时，人们便去江河口“等禾虫”，将网扣在桩上放下水，等待涨潮把网冲开，禾虫便随着潮水进入网中。

禾虫最常见的做法有：香煎禾虫、咸禾虫、蒸禾虫、禾虫煎蛋或禾虫炒蛋。

海 蜇

俗称水母，海蜇属钵水母纲，是生活在海中的一种腔肠软体动物。其体形呈半球状，可食用的海蜇上面呈伞状，白色，借以伸缩运动，称为海蜇皮，下有八条口腕，其下有丝状物，呈灰红色，叫海蜇头。

海蜇的营养极为丰富，据测定：每百克海蜇含蛋白质12.3克、碳水化合物4克、钙182毫克、碘132微克以及多种维生素、丰富的胶原蛋白与其他活性物质，是一种营养价值极高的海鲜食品。海蜇还是一味治病良药，是很多中药处方的重要成分。中医认为，海蜇有清热解毒、化痰软坚、降压消肿的功效。

图 103　凉拌海蜇丝

海蜇经加工后的产品，称伞部者为海蜇皮，称腕部者为海蜇头，海蜇头商品价值高于海蜇皮，因为海蜇皮的口感是韧的，而海蜇头的口感是脆的。

当地最盛行的吃法是凉拌海蜇。人们把海蜇切丝，下沸水焯熟，加入生抽、米醋、盐、糖等佐料，拌匀即可食用，口感爽脆，酸鲜可口。

泥　龟

学名石磺，俗称土鸡、海蛤、海癞子、土海参、海猪等。属于亚热带的腹足纲贝类，体呈卵圆形或椭圆形，成体体长6厘米左右，体宽3.7厘米左右，平均体重14克，全身裸露无壳，体表呈青兰色、灰色并夹杂绿色、褐色，其上密布多数瘤状和树枝状突起，且有无数黑色的背眼，背眼对光线非常敏感，外形酷似癞蛤蟆或土疙瘩。在当地，泥龟常栖息于河口性沿岸带的岩石、泥滩、芦苇丛和红树林的沼泽地中。泥龟广泛分布于印度—太平洋沿岸的河口海域，国内则多分布于东海和南海。广西北部湾沿海为泥龟的产地。

图 104　鲜活泥龟

泥龟为杂食性兼植物食性的贝类，可食部分占体重的66%。其肉味鲜美，营养丰富，含高蛋白、低脂肪，含有人体所必须的多种氨基酸。其营养成分在一定程度上比牡蛎、蛤蛏等海洋贝类丰富，主要必需氨基酸含量比鲍鱼鱼肉的含量还要高，镁、铜、钙、铁、硅、铝、锰、钾、硼等矿物质的含量也较高，并含有维生素B1、B2等，具有极高的营养价值和滋补功能。沿海地区民间流传着泥龟有治哮喘、助消化、消除疲劳、明目的功效。民间有鲜食或干食泥龟的习惯，并视其为滋补品及海产珍品。广西沿海民间一般有吃泥龟可以治疗小孩夜尿多的说法。其食法是：将鲜活的泥龟用开水烫一下，剥去外套膜的革质表皮，从腹部剖开、弃去内脏，用食盐或草木灰洗净黏液，然后切肉丝，加上佐料生炒以制成各种美味佳肴，如可做汤或加入白米粥做成泥龟粥，深受群众喜爱。但要注意的是煮泥龟的时间不可以过长，不然其口感会变得太硬，难以咀嚼。

（六）海边的食材

大海给人们带来的不仅仅是鱼虾蟹螺等鲜活动物，还有在浅海及海滩上遍布的各种植物，如唯一能生长在海里的树——红树林，也是人们的食物营养库。而生活在红树林底下的小精灵们，更是以其特有的形式哺育着海边人。

榄 钱

红树林的果实，是一种风味独特的无公害的海产品，其味甘、微苦、性凉，具有清热、利尿、凉血败火的功效。与海鲜、贝类一起烹饪，是广西沿海人们餐桌上的一道特色佳肴。由于新鲜榄钱带有涩味，在烹饪前，要预处理：先焯水，再放入凉水中浸泡至少一个小时，去除其涩味。其烹饪方法是榄钱煮汤、榄钱焖车螺或者虾米。

图 105 焯水后的榄钱

海鸭蛋

相传于唐朝年间，钦南沿海即有农家饲养海鸭。近20年来，广西沿海充分利用其滩涂辽阔，鱼、虾、蟹、贝类和微生物资源丰富的优势，采用放养、圈养相结合的方式；大力发展海鸭养殖。当大海未退潮时，鸭子们在浅海红树林里游荡嬉戏；大海退潮后，鸭子们则在海滩上觅食鱼、虾、蟹、贝类及其他微生物。海鸭的食物链主要以海滩上的鱼虾、贝类为主，其蛋的味道鲜美，比其他产自淡水池糖的鸭蛋少了腥味，很多来自内陆的游客食后都交口称赞。而且经检测显示，海鸭蛋每百克鲜蛋含有蛋白质12.5克，十八种氨基酸和多种维生素及钙、铁、磷、锌、碘、镁、钾等多种对人体有益的微量元素，对强身健体、美颜美容、洁白肌肤、增强智力大有裨益。

目前，海鸭蛋已经成为沿海地区人们的送礼佳品，登上了诸多城市的高档超市，给沿海居民的生计带来更多好处。海鸭蛋制品的种类也越来越丰富，如海鸭蛋黄酥、海鸭蛋饼干等即食点心，深受人们欢迎。

图 106 红树林滩涂海鸭养殖

图 107 海鸭蛋（左） 普通鸭蛋（右）

（七）海产品干货

海鲜是高蛋白物品，很容易腐烂，而北部湾的打鱼人常常开展远洋捕捞，在没有冷冻技术的年代，除了鱼类适合用盐腌制以外，更多的海产品主要是借助太阳的力量，采用晾干或者晒干等方法来延长保存期。而新鲜海产品和干海产品在味道上截然不同，大多数海产品在晒干后，都会散发出更浓郁、更独特的香味。这同样也是大海的味道。

图 108　北部湾市场上的海干货

墨鱼干

墨鱼干是广西北部湾地区的特产之一。墨鱼干与新鲜墨鱼相比，多了一种厚重的风味，因为墨鱼干肉质厚且硬，比较适合与五花肉一起焖煮或者炖汤，不适合烧烤食用。当地人认为产妇食用墨鱼干具有催奶的功效，所以在产妇产后虚弱少乳时，往往选择用墨鱼干炖汤给产妇食用。目前，大多数干海味是渔民在捕获海鲜后现场加工制作的，既保持了海产品的营养价值，又不失生猛海鲜的原始风味，是馈赠亲朋的首选佳品。

图 109　墨鱼干

鱿鱼干

鱿鱼干在众多海味干货中是最常见的，是人们节假日的送礼常用佳品。

广西北部湾一带的鱿鱼品质好，味道佳，优于其他海域捕获的鱿鱼。一方面是由于这里的海水咸度低、流速慢、潮汛变化小，使整个海域海水养分稳定，海洋鱼类的食物链也相对稳定，鱿鱼的生活环境比较好，所以肉质也好；另一方面是由于作业区近，当地渔民出海捕鱼一般都是晚出早归，海产品的新鲜程度高，制成的干海味比较鲜淡。尤其是“穿竹鱿”，是广西沿海渔民直接在渔船上加工生产的干货。

“穿竹鱿”是最能代表北部湾海鲜风味的一种海产品，其主要制作方法是新鲜捕获的鱿鱼处理干净后，用竹子穿吊起来自然晾晒，加上鱿鱼本身的盐分较低，这样经过自然加工的鱿鱼闻起来有股独特的香味。由于“穿竹鱿”采用吊晒的方法进行加工，其整体不会很平直，每条鱿鱼不管大小，都会在尾部留下一个穿吊的洞。有些外地商人看到穿竹鱿鱼质好价高，为了卖个好价钱，也仿照着在鱿鱼尾部穿个洞，冒充北部湾鱿鱼。但仔细分辨，还是有区别的。北部湾“穿竹鱿”由于是吊晒，它的两根长须保持得很好。而其他鱿鱼干一般采用平晒和风干的方法来制作，在翻晒的过程中，会把鱿鱼的长须破坏掉，并且鱼体显得很平直，干度不及北海“穿竹鱿”，色泽也不如北海“穿竹鱿”金黄、干净、透亮。

图 110　穿竹晒鱿鱼干

鱿鱼干一旦存放过久，鱼身上会出现一层薄薄的白霜，这是鱿鱼干在存放中不断扩散自存的水分，带出体内氮化合物后形成的，不会影响鱿鱼干的质量。其他地区产的鱿鱼干由于加工工艺与北部湾鱿鱼干不同，身上的白霜要厚得多。

北部湾鱿鱼本身品质好，鱿鱼干更受到欢迎，其价格一路飙升。

沙虫干

和新鲜的沙虫比起来，沙虫干经过了阳光的作用，释放出更浓郁的鲜味。对于内行的人来说，沙虫干是来广西沿海旅游不可不买的海产品。但在购买时，人们往往要询问老板，哪种沙虫干是无沙的。如果买到有沙带的沙虫，需要先摘除沙带，如果不会摘，则需要在炒制后，放入清水中泡一下，让沙子沉淀。当地的沙虫干的烹饪方法：人们把无沙的沙虫干放在锅里，用慢火干炒，或者用海

图 111　沙虫干

边的粗盐和沙虫干一起炒制，使沙虫干的咸鲜味更浓郁；如果怕火候掌握不好，则可以用低温油把沙虫炸至金黄色。这时候，沙虫干的鲜味完全散发出来了，无论是直接干吃，或是放到锅里煮汤、煮粥，或与菜肴一起调味，鲜味都会让人赞不绝口！

瑶　柱

学名江瑶柱，北方也称为干贝，是带子螺的干制品，在广西北部湾一带较为盛行，是家常必备海货干品或送礼佳品。与鱿鱼干相似，如果存放过久，瑶柱表面也会出现一层薄薄的白霜，不是长霉，也不影响瑶柱的质量。当地人对瑶柱的主要烹饪方法：油炸后碾碎，放入汤中作提鲜用或者放入白粥中煮成干贝瘦肉粥、瑶柱芥菜粥等。当然也有些人吃不惯瑶柱的味道，觉得有一种奇怪的腥味。

图112　江瑶柱（干贝）

二、山林的恩赐

广西北部湾地区北靠十万大山和六万大山，南有南流江三角洲平原和钦江三角洲平原，中间夹着众多的丘陵地带和山林，是广西的热带和亚热带农作物的主要生产区。靠海近山，动植物种类众多，资源丰富，为当地人们提供了丰富的食物资源。

（一）植物资源

番薯叶

番薯叶为旋花科植物番薯的叶。番薯叶又称地瓜叶，这是地瓜茎叶中食味最好的部分，过去当地人一般都不食用，称其“喂猪菜”。如今，由于人们逐步看好其保健功能，番薯叶的价值倍增，日益受到百姓青睐。香港人誉其为“蔬菜皇后”，日本人则推崇其为令人长寿的新型蔬菜。番薯叶日益成为具有开发价值的保健长寿菜。

番薯叶味甘涩，性微凉，具有丰富的胡萝卜素、维生素C、钙、磷、铁及必需氨基酸，但草酸含量较高，是人体所需矿物质的良好供给源。其丰富的营养功能是多种蔬菜不可比拟的。番薯叶还含丰富的黄酮类化合物，能捕捉在人体内兴风作浪的氧自由基“杀手”，具有抗氧化、提高人体抗病能力、延缓衰老、抗炎防癌等多种保健作用。甘薯叶和块根中含有大量的液蛋白，能预防心血管系统的脂肪沉积，保持动脉血管的弹性，有利于预防冠心病，还能防止肝脏和肾脏中结缔组织的萎缩，保持消化道、呼吸道和关节腔的润滑。甘薯叶中富含的纤维还能加快食物在肠胃中运转，具有清洁肠道的作用。同时也具有益气健脾、养血止血、通乳汁等功用。

图 113　番薯叶

番薯叶全国各地均有种植，其做法有蒜蓉番薯叶、番薯叶炖冬瓜、肉丝炒番薯叶、凉拌番薯叶等，但在广西海一带最常用的做法是酸笋炒番薯叶。腌制过的竹笋酸咸适中，加上嫩滑爽口的番薯叶，再加一颗新鲜红辣椒或者豆豉，这几样食材合在一起翻炒后的味道让人胃口大开。这是当地人在夏秋最喜欢的一道菜，开胃、消食、通便，在易导致食欲不振的炎炎夏日为人们增加了丰富的口感。但也因为酸笋的味道，这道菜可能不为其他地方的人们接受。

图 114　酸笋炒番薯叶

南瓜藤

南瓜藤，是葫芦科南瓜属下的植物，别名番瓜藤，盘肠草，南瓜苗。果实可做菜肴，亦可代粮食。南瓜藤含有粗蛋白、粗脂肪、粗纤维、碳水化合物、钾元素、钠元素、铁元素、镁元素、锌元素、钙元素、磷元素、铁元素、维生素C、维生素A、维生素B、胡萝卜素等营养成分，其中粗蛋白中含有赖氨酸等多种氨基酸。

南瓜藤和南瓜花都深受当地人欢迎，其全株各部又供药用，种子含南瓜子氨基酸，有清热除湿、驱虫的功效，对血吸虫有控制和杀灭的作用。瓜蒂有安胎的功效，可根治牙痛。南瓜藤在夏秋季采收，其

图 115　南瓜花

图 116　上汤南瓜藤

味甘苦，性微寒，具有清肺、和胃、通络的功能，对维持血糖平衡、降压、减轻胃痛和月经不调等有一定功效。

广西沿海一带最常见的以南瓜藤为食材的菜是上汤南瓜藤和清炒南瓜苗。由于需要采摘不少南瓜嫩藤，不利于南瓜结果，菜市场南瓜藤不常见。做菜所用的南瓜嫩藤以雨天后的嫩藤为佳。

贡棱豆

贡棱豆，又名龙豆、翅豆、翻鬼豆、杨桃豆和热带大豆，俗称“六轴豆”。原产热带，已有近4个世纪的栽培历史，主要分布于东南亚及西非地区。近十多年来，美国、印度等70多个国家均有研究和栽培。中国种植贡棱豆已有100多年的历史，主要产地在云南、贵州、四川、广西、广东等省。在广西沿海，灵山县是贡棱豆的主产区。

图 117　贡棱豆

贡棱豆的鲜品呈绿色，四棱柱体，棱带柱齿状，直径约2—3厘米，长约20—30厘米，富含维生素及多种营养元素，以蛋白质含量高而著称，蛋白质平均含量为37%、脂肪平均含量为18%，其中71%的脂肪为不饱和脂肪酸，素有“绿色黄金”和“豆中之王”之美誉。长期食用对人体有强身健体、延年益寿之效。由于贡棱豆本身较能抗病虫，在生长期很少需要使用农药，其产品符合无公害蔬菜新产品标准。

灵山县盛产贡棱豆，已形成对贡棱豆进行加工制作的产业，在尽可能保护贡棱豆本身的营养成分及功效的情况下，人们将其加工制作成味道鲜美可口、独具特色的即食包装食品。目前，贡棱豆已经成为区内外市场上畅销的即食佳品。其产品呈条状、黄色，酸辣适宜，清脆爽口，风味独特，易消化。得到各地游客青睐，已批量销往周边地区，显现供不应求的状态。目前，灵山县贡棱豆的生产企业中质量较好的是龙三钱食品有限公司。

红姑娘番薯

广西滨海地带处于亚热带季风气候区，气候温和湿润，阳光雨量充足，土壤以沙土为主，为红薯的生长提供了理想的环境，防城港市东兴市是著名的红姑娘的主产区。红姑娘红薯主要栽种在十万大山南麓的近海地带，质优、味美、色艳，其表皮光滑紫红，根点明显；薯形呈长纺锤形或长筒形，稍有弯度；肉质白色或浅黄色。口感绵软，脆嫩香润，味道香甜可口。每百克鲜红薯仅含0.2克脂肪，产生99千卡热量，约为大米的三分之一，是很好的低脂肪、低热能食品。红姑娘红薯除了具备普通红薯的营养成分外，还富有硒元素，具有抗癌、抗糖尿病、降压、减肥、疏通肠胃和预防亚健康病的功效，有解毒、防治夜盲症、提高免疫力、保持皮肤细腻、延缓衰老等方面的保健功能，是上等的保健食品。

图 118　红姑娘番薯

冬粉薯

冬粉薯，是一种比较少见的食材，学名竹芋，又名冬笋薯、东京薯，又叫轮（菱）粉薯，也有人称它“玉足”，是竹芋科竹芋属植物的地下茎。其外形似竹荀，浅黄色，长5—7厘米，肉白色，原分布于美洲热带地区，现在广泛种植于各热带地区，在广东、广西、云南等省常有栽培。广西沿海三市民间常有种植。

冬粉薯有清肺止咳、清热利尿的药用价值。它含粗纤维较多，根茎部几乎全是淀粉，可用于做汤、调味打芡、布丁和点心的增稠剂，加水煮沸成透明、无臭的可口糊状物。特别适合做不能煮太久的牛奶蛋糊等食品，也适宜制作淡味、低盐和低蛋白的食物。冬粉薯淀粉含量最高，亦最为美味。制作冬粉薯的菜式，可以根据天气的变化而烹制。除了可以用来做菜之外，还可以用来煲汤或煲粥，既清润又能健脾。在广西民间流传有多种款式，如“冬粉薯剁肉饼”是家喻户晓的地道特色菜，在天气比较寒冷时，人们还可以做“冬粉薯焖鸭”“冬粉薯煲咸筒骨”等。冬粉薯经研磨、水洗、晾晒制成粉，直接用开水冲调成透明糊状服食，或可以作为原料制作成“沙谷米”。

图 119　冬粉薯

状元薯

图 120　状元薯（蕉藕）

状元薯，又名蕉藕、蕉芋、藕芋、姜芋、旱芋、芭蕉芋，广西沿海一带称之为番鬼芋头，其中状元薯是合浦一带的称呼，属昙花科美人蕉多年生草本植物。原产于印度尼西亚和爪哇岛，引进中国栽培已有近百年历史。目前中国南方各地都有栽培，可用于作饲料、制淀粉食品、酿酒、制醋等。块根可代替高能饲喂猪、禽，茎叶是优质高产的青绿饲料。蕉藕是多年生草本植物，当年播种当年收获，株高2—3米，分蘖力强，根系发达，分生肉质芋头，多汁、白色。每丛有十个以上，表面光滑，具有茎节和紫色鳞片。

蕉藕的块根、茎叶营养成分含量都较高。风干蕉藕块根水分5.2%，粗蛋白7.7%，粗脂肪0.4%，粗纤维3.1%，无氮浸出物28.3%，粗灰分5.3%，块根含淀粉20%。不但营养价值高，而且对湿热蕴脾，寒湿困脾，风轮湿热，过敏性眼睑皮肤炎，膀胱湿热等的治疗有一定的药效。民间常用蕉藕来作炖猪骨汤的配料。因蕉藕淀粉颗粒粒径大，链淀粉含量高，糊化温度低，糊透明度好，成膜性强，对蕉藕进行粉碎加工，可作为人用高档食品的原料。如制作粉条、豆腐、沙谷米等（合浦乾江革一带的传统手工制品——沙谷米的原料就有其淀粉）。

鸡屎藤

鸡屎藤，为茜草科植物鸡矢藤的全草及根，生于溪边、河边、路边、林旁及灌木林中，常攀援于其他植物或岩石上，喜温暖湿润的环境。植物的全草及根和果实均可供药用，有祛风除湿、消食化积、解毒消肿、活血止痛的功效。对风湿痹痛、食积腹胀、小儿疳积、腹泻、痢疾、中暑、黄疸、肝炎、肝脾肿大、咳嗽、瘰疬、肠痈、无名肿毒、脚湿肿烂、烫火伤、湿疹、皮炎、跌打损伤、蛇蛟蝎螫等症有一定的疗效。

图 121　鸡屎藤

让人惊奇的是，鸡屎藤虽臭但可以制作出美食。在海南、广东、广西等省都有食用鸡屎藤的传统。在广西沿海一带，特别是北海市，鸡屎藤糖水是每年三月初三老百姓必吃的传统小吃。鸡屎藤还可用以制作鸡屎藤汤圆、鸡屎藤米粉等。在农历四月初八，钦州、防城等地老百姓喜欢食“垃圾粑”，其主要的中草药成分便有鸡屎藤。经过加工制作，鸡屎藤不但臭味全无，而且清香可口，回味无穷。那为什么人们把它称为鸡屎藤呢？只是因鸡屎藤叶被揉碎后会有股如鸡屎的臭味，根据《本草纲目拾遗》的记载：“搓其叶嗅之，有臭气，未知其正名何物，人因其臭，故名臭藤”而得名。由于此名称有点不雅，后来有人将其写成“鸡矢藤”。除了味美，鸡屎藤还有一定的食疗功效，农家人还会用它来作为辟邪挡灾之物。清初屈大均在《广东新语·草语·藤》中载：“有皆治藤，蔓延墙壁野树间，长丈余，叶似泥藤，中暑者以根叶作粉食之，虚损者杂猪胃煮服。”在广东潮汕地区，人们在久咳不愈、夜晚咳嗽厉害时，往往取鸡屎藤熬汤喝以消咳。

芋　蒙

芋蒙又称芋苗，是芋头的茎杆部分。人们一般取其焯水后，煮熟食用或者腌酸后食用。芋蒙味道酸爽可口，既能开胃消食，也能消炎杀菌，是广西沿海百姓餐桌上不可或缺的佐餐咸菜之一。当地人腌制芋蒙一般采用两种方法：一是用盐水浸泡，让其自然发酵变酸，一般需要腌制一个月以上；二是用白醋腌制，快速高效。一般做法是，把新鲜芋蒙晾晒一天，去掉部分水分，或是用盐搓揉后挤去部分水分，待其变软后，切段焯水，随后用冷水冲洗后沥干晾凉，加白醋腌制，一小时后便可炒食。这种方法可以快速即食。但如果放入过多的白醋，人们在食用芋蒙时会呛口，口味不佳。因此，为了增加口感，人们往往在加入白醋时，加入白糖一起腌制。由于芋蒙具有一定的致敏性，在制作时，一定记得要焯水，把芋蒙里的刺激性成分去掉，否

图 122　芋蒙

则，它会刺激食道和消化道，让人感到很难受。

在广西沿海一带还有一种称为凉蒙的，人们取其茎杆，剥去外皮后可直接炒来食用，或加上海鲜及肉末焖煮。它没有一般芋蒙的刺激性，口感甘甜。

慈　姑

慈姑又名茨菰、茨菇，为泽泻科多年生草本植物，叶子像箭头，开白花，地下有球茎，黄白色或青白色，以球茎作蔬菜食用。生于湖泊、池塘、沼泽、沟渠、水田等水域。性喜温湿及充足阳光，适于黏壤上生长，一般春夏间栽植。

图 123　慈姑

慈姑作为一种中药，味道偏甘、偏涩，性属温。有止咳、止血、敛肺等功效。中医常用来辅助治疗痨伤咳喘、心悸心慌、呼吸急促、肺热咳嗽等症状。将鲜慈姑洗净之后切碎，加入适量的冰糖和豆油进行煎煮，在临睡前服用即可缓解咳血的症状。将其碾碎涂敷于皮肤肿痛处，就可以起到消炎、退肿、止痛的作用。

慈姑富含淀粉、蛋白质、糖类、无机盐、维生素C及胰蛋白酶等多种营养成分。肉微黄白色，质细腻甘甜酥软，味微苦，可炒可烩可煮。灵山县的家庭特别喜欢吃慈姑烧肉，别具风味。慈姑与猪肉（或猪大肠）、大蒜、油炸豆腐等搭配，可加工成慈姑红烧肉、和尚戴帽、慈姑片炒瘦肉等酥香美味佳肴，是宴席上的名菜。此外，还可制成慈姑粉，具有较高的经济价值。

在广西沿海三市，因慈姑特殊的形状，一般在年节时节，被百姓当作新婚夫妻回娘家时，父母必回赠礼，其寓意为来年早生贵子。

马　蹄

马蹄又名荸荠、水栗、乌芋、菩荠等，属单子叶莎草科，为多年生宿根性草本植物。有细长的匍匐根状茎，在匍匐根状茎的顶端生块茎，俗称荸荠。马蹄喜生于池沼中或水田里，喜温爱湿怕冻，适宜生长在耕层松软、底土坚实的壤土中。花果期5—10月。本产于中国，后广布于全世界，在中国全国各地都有

图 124　马蹄

栽培，主要分布于广西、江苏、安徽、浙江、福建、广东、湖南、湖北、江西、贵州等地。广西北海市合浦县有较大范围的种植。

马蹄性寒，具有清热解毒、凉血生津、利尿通便、化湿祛痰、消食除胀等功效，因含有一种抗菌成分，对降低血压有一定效果。其皮色紫黑，肉质洁白，味甜多汁，清脆可口，既可作水果生吃，又可作蔬菜食用。马蹄的球茎富含淀粉，供生食、熟食或提取淀粉，味甘美；也供药用，可开胃解毒，消宿食，健肠胃。其丰富的营养成分和独特的口感，是不可多得的食物。广西沿海民间常用于煲汤、与瘦肉一起剁碎蒸肉饼，还有利用马蹄粉制作马蹄糕等。但由于马蹄性寒，月经期间的女性、脾胃虚寒以及血虚、血淤者应该慎用。遗尿小儿以及糖尿病患者也不宜食用。

木　薯

木薯又称南洋薯、木番薯、树薯，为世界三大薯类（木薯、甘薯、马铃薯）之一，直立灌木，高1.5—3米，块根圆柱状。原产巴西，19世纪20年代，中国成功引种栽培，现广泛分布于华南地区，以广东和广西的栽培面积最大。通常有枝、叶淡绿色或紫红色两大品系，前者毒性较低。

图 125　木薯种植

木薯在中国主要用作饲料和提取淀粉。木薯的块根富含淀粉，是工业淀粉原料之一。因块根含氰酸毒素，需经漂浸处理后方可食用。在发酵工业上，木薯淀粉或干片可制酒精、柠檬本酸、谷氨酸、赖氨酸、木薯蛋白质、葡萄糖、果糖等，这些产品在食品、饮料、医药、纺织（染布）、造纸等方面均有重要用途。木薯主要有两种：苦木薯（专门用作生产木薯粉）和甜木薯（食用方法类似马铃薯），加工后可食用。

木薯性味归经：苦，寒。为中国植物图谱数据库收录的有毒植物，其毒性为全株有毒，以新鲜块根毒性较大。中毒症状轻者恶心、呕吐、腹泻、头晕，当地称为“醉木薯”，严重者呼吸困难、心跳加快、瞳孔散大，以至昏迷，需要马上去医院救治，不然会抽搐、休克，最后因呼吸衰竭而死亡。食用木薯块根时一定要注意防止木薯中毒，在食用木薯前去皮，用清水浸薯肉，使氰苷溶解，再加热煮熟，便可食用。

由于木薯干物质中绝大部分是淀粉，木薯块根粗纤维含量少（1%—2%），脂肪含量低，钙、钾含量高而磷低，含有植酸和少量的维生素C、维生素A、维生素B1、维生素B2。木薯常用来做粮食。

广西沿海三市是木薯的主要种植区，目前，木薯成为广西生产酒精的主要原料。在稻米紧张的年代，民间有用木薯粉制作粑品代替米食的传统，木薯粑是传统的代米食品（现已演变为广西沿海民间特色小吃），还用木薯为原料发酵制作木薯酒。近年来，广西沿海地区从马来西亚引入优质食用甜品种——面包木薯，其肉肥茎短，形似竹笋，肉鲜皮薄，色如蛋黄，疏松可口，无毒，是当地甜品——木薯糖水的主要原料。

木薯糖水的做法是首先把木薯皮剥干净，洗干净切块，喜欢小块一点就切小一点，喜欢大块一些就切大一些。不过切得越小越容易熟，口感越软糯。然后把切好的木薯加水，加入黄片糖用高压锅煮30分钟或者用普通锅熬煮40分钟，软糯香甜的木薯糖水就做好了。木薯加入黄片糖，汇集成一股特殊的香味，非常清甜甘润。黄色的面包木薯做出来最好吃，卖相晶莹透亮，又有清凉解毒的功效，当季时，当地糖水摊都有出售。

图 126　面包木薯糖水

雷公根

雷公根，又名积雪草、胡薄荷、地钱草、连钱草、海苏。分布于中国陕西、江苏、安徽、浙江、江西、湖南、湖北、福建、台湾、广东、广西、海南、四川、云南等省区。其味苦、辛，性寒，有清热利湿，解毒消肿的功效。广西沿海三市的田间地头到处都有分布。民间主要用来制作清热解毒凉菜——雷公根水。

图 127　雷公根

红背菜

红背菜，又名观音菜、当归菜、红凤菜、观音苋、红背菜、紫背菜，菊科植物。植株叶面呈绿色，略带紫色，背面紫红色，属菊科三七草属宿根常绿草本植物，它是集食用、药用及观赏用为一体的半栽培种，口感柔嫩细滑，具有特殊的香味，味道可口。它有很好的降血脂，降血压，促进消化的作用。一年四季都可食用，而且其主要分布在中国南方地区。广西沿海地区多有野生。红背菜适合一般人群食用，但是肝脏发育不良、胃肠有问题、脾胃虚寒、肝病、黄疸及便秘的人群不建议食用。

图 128　红背菜

夜兰香

夜兰香，又名夜丁香、千里香、夜来香、夜香花等，原产南美，为常绿灌木，属多年生藤状缠绕草本，分布于云南、广西、广东和台湾等地，是以新鲜的花和花蕾供食用的一种半野生蔬菜。除供观赏外，花可作馔和药用，具清肝明目之功效，可治疗目赤肿痛，麻疹上眼、角膜去翳等病症。广西沿海三市一般用来煮汤食用。夜兰香在夏季和秋季开花，其叶腋就会绽开一簇簇黄绿色的吊钟形小花，当月上树梢时它即飘出阵阵清香，香味可驱蚊。

图 129　夜兰香

（二）动物资源

龟

龟，俗称乌龟，泛指龟鳖目的所有成员，是现存最古老的爬行动物。特征为身上长有非常坚固的甲壳，受袭击时龟可以把头、尾及四肢缩回龟壳内。大多数龟为肉食性，以蠕虫、螺类、虾及小鱼等为食，亦食植物的茎叶。龟分为陆龟（水陆两栖）和海龟，龟是长寿的动物，在自然环境中不乏有寿命超过百年的龟。

龟的种类很多，有象龟、海龟、鳄龟、草龟、巴西龟、石龟、金钱龟等。广西北部湾地区是龟类的主要生长区，而可供食用的一般是人工养殖的金钱龟、石龟、鳄龟等。

金钱龟：又叫三线闭壳龟、断板龟、红肚龟、金头龟等，属珍稀龟种，是中国二级重点保护动物。野生金钱龟的世界分布范围十分狭窄，主要分布于中国广东、广西、福建、海南、香港、澳门以及越南北部等亚热带国家和地区。金钱龟喜欢选择阴蔽的地方栖息，有群居的习性，每年冬天要冬眠。目前，能供人们食用的是人工养殖的金钱龟。养殖的金钱龟肉味鲜美，具有很高的食用与药用价值。

现代以食用金钱龟作为防治疾病，增强体质，抗疲劳的良方。在中国，三线闭壳金钱龟受到华南和港、澳、台地区人民以及东南亚等地海外华人的青睐，除了其本身所具有的较高滋补营养功能之外，还因金钱龟身上的活性因子含量较高，活性因子和各种元素结合组成一股强有力的生力军，可对医治人体的细胞败死、血小板减少症状有一定的作用，同时对抑制癌细胞生长，促进人体血液循环也有一定作用。

石龟：学名黄喉拟水龟，为龟科拟水龟属的爬行动物。黄喉拟水龟最大的特征，就是有一副几乎是全黑色的底板。因为和金钱龟的黑色底板很相近，所以两广民间亦称这种全黑色底板的石龟为“石金钱龟”，这也是广西沿海一带把黄喉拟水龟统称“石龟”和“石金钱龟”的原因之一。广西的石金钱龟，主要产于十万大山、六万大山中，是钦州市的特产之一。

图 130　石龟

鳄龟：也叫鳄鱼龟，是现存最古老的爬行动物，世界最大的淡水龟之一，有淡水动物王者之称。鳄鱼分为两大种类，俗称大鳄与小鳄。大鳄又名真鳄龟（产自北美洲美国东南部），小鳄又名拟鳄龟，有四个亚种，分别是北美、佛州、南美和中美。因鳄龟的适应能力强，营养价值和观赏价值均较高，现广西沿海三市养殖鳄龟的人较多，养殖数量也在增多。

鳄龟是食肉动物，也会吃腐食。其食性广而杂，小鱼、小龙虾、各种贝类及各种水果蔬菜等都是鳄龟猎食的对象，野外个体还会捕食蛇类、鸟类。由于它会用舌头引诱猎物，渔民都盛赞它的捕鱼能力。人工饲养的大鳄龟会吃任何肉类，包括牛肉、鸡肉及猪肉，但前提是要先引诱大鳄龟“开食”。鳄龟肉质肥厚，蛋白质丰富，比较适合红烧。

图 131　红烧鳄龟

图 132　清炖龟汤

乌龟营养价值很高，对增强人体的抗癌能力有一定的作用。用于炖汤的乌龟，用养殖的金钱龟最好。但由于金钱龟价格偏高，也可用石金钱龟或者板龟替代。

制作龟汤时，首先选取成龟一只，配以土茯苓、北芪、党参、红枣、桂圆等配料，加入适量排骨等，经用姜酒焯水后，再放入紫砂炖锅中熬炖三小时以上，时间越长，炖汤的品质和药效越高。当地人认为炖制乌龟汤时，最好连续熬制至少3天，中途可以不断加水煮熬，直至将龟壳熬烂融入汤中，才是最好的龟汤。

鳖

鳖又称甲鱼或团鱼，俗称“王八”，是一种卵生两栖爬行动物。其头部有点像龟，但背甲没有乌龟般的条纹，边缘呈柔软状裙边，颜色墨绿。

图 133　鳖

鳖常年在水底的泥沙中生活，喜食鱼、虾等小动物，也吞食瓜皮果屑、青草以及谷物，是一种通过口器排泄体内废物的动物。鳖在水中时，水面上常出现其吐出的津液，叫鳖津。鳖（甲鱼）与乌龟的区别在于：（1）鳖的咬合力比大部分乌龟强。（2）鳖在壳的边缘有肉裙，而乌龟没有。（3）乌龟可以把头缩起来，鳖无法做到。

广西沿海一带以养殖黄沙鳖、珍珠鳖、山瑞鳖为主。

黄沙鳖：中华鳖的地方种，分布于广西、广东的西江流域地区，是西江水系特有的鳖种。黄沙鳖体色金黄，裙边宽厚，肌肉结实，肉质鲜美。

珍珠鳖：学名美国山瑞鳖，其性情温顺，容易养殖，经济效益较高，成为当前群众龟鳖养殖的主要品种之一。体形基本呈椭圆形，颜色金黄，比中华鳖光亮，而小苗颜色乌黑，背甲带有珍珠似的斑点，裙边像镶嵌了一道金边，头部较小。

山瑞鳖：生活于山地的河流和池塘中，以水栖小动物、软体动物、甲壳动物和鱼虾等为食。外形呈圆形，与俗称“甲鱼”的中华鳖十分相似。山瑞鳖较为肥厚，体积比一般的中华鳖大很多，头较中华鳖而言更为尖细，且头两侧背甲外缘有好些疣粒，为国家二级重点保护动物。

在《本草纲目》等中国古代中医药文献中有诸多“鳖可补痨伤，壮阳气，大补阴之不足”的记载。自古以来，鳖被人们视为滋补的营养保健品。唐代孟诜有：“妇人漏下五色，羸瘦，宜常食之”的说法。清朝的王士雄在《随息居饮食谱》中记：鳖甘平，滋肝肾之阴，清虚劳之热，宜蒸煮食之。

鳖肉富含动物胶、角蛋白、铜、维生素D等营养素。因鳖的种类和生活地区不同，其营养成分也不完全一致。鳖肉性平、味甘；归肝经，具有滋阴凉血、补益调中、补肾健骨、散结消痞等作用，可对防治身虚体弱、肝脾肿大、肺结核等症状有一定的辅助疗效。鳖的脂肪以含不饱和脂肪酸为主，占75.43%，其中高度不饱和脂肪酸占32.4%，是牛肉的6.54倍，罗非鱼的2.54倍，铁等微量元素是其他食品的几倍，甚至几十倍。鳖的头、甲、骨、肉、卵、胆、脂肪均可入药，常见做法有清炖甲鱼汤、红烧甲鱼、乌鸡炖甲鱼等。

图 134　清炖甲鱼汤

钦州市地处沿海，有着养殖龟鳖的得天独厚的自然优势和传统产业优势。钦州产的龟鳖肉质香甜，享有“天下名龟出钦州”之盛名。钦州市石金钱龟在2012年已被国家农业部评为中国地理标志产品（农产品地理标志）。在养殖石金钱龟上，钦州市有着悠久的历史、成熟的经验，养殖户利用沿海、沿江低值小杂鱼丰富的优势，以鲜活鱼虾天然饲料喂养为主，养殖的石金钱龟更接近自然生态产品，品质优异，曾获得“龟王”称号和全国龟鳖评比大赛一、二、三等奖的荣誉，在中国居行业龙头地位。

蛇

蛇是四肢退化的爬行动物的总称，属于爬行纲蛇目，有蛇、虺、螣、蚺、蜧、蝓等别称，蛇类全身布满鳞片。蛇类适宜的生存环境是气温高、湿度大、植被多、湖泊河流密、食物种类数量丰富的地区。广西的自然气候条件正满足蛇类生长的需要，广西蛇的品种数量多，毒蛇种类也居全国首位。

钦州市灵山县在2012年荣获“中国养蛇之乡”的称号。2011—2018年，全县养殖眼镜蛇、滑鼠蛇累计出栏1800多万

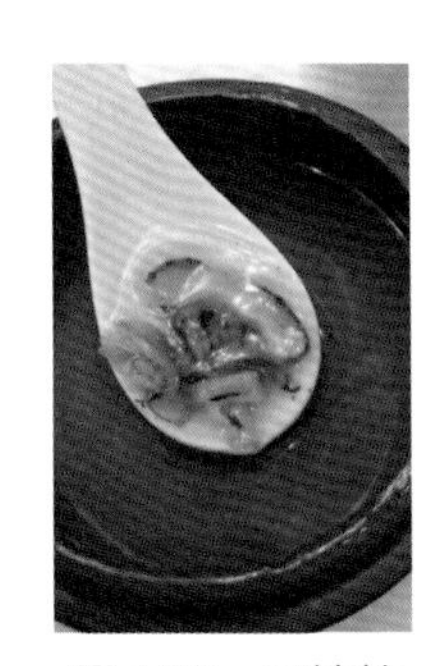

图 135　五蛇羹

条，2018年存栏突破350万条，全县肉蛇销售收入突破5亿元，创造利润约3.5亿元。

由于蛇肉肉质劲道，味道鲜美，滋补功效与龟鳖齐名，当地有用蛇宴客的做法。可食用的肉蛇一般是养殖蛇，烹饪方法是煮汤、红煲、红烧、煎炸等，比较盛行的菜肴有龙凤汤、五蛇羹、椒盐蛇段、红焖蛇肉等。

（三）水果资源

荔　枝

广西北部湾地区盛产荔枝，其中灵山县所产荔枝品种多、产量大、味道好，有“荔枝之乡”的美誉。据《灵山县志》记载，荔枝种植始于唐朝，宋朝已有较大发展。至2008年，灵山县荔枝种植面积已有60.5万亩，达到历史上最大种植面积，正常年份产量达5万吨，有三月红、妃子笑、黑叶荔、灵山香荔、桂味、糯米糍等早、中、迟熟品种，品种数量达35个之多。2012年1月，国家质检总局批准对灵山荔枝实施地理标志产品保护。另外，北海市合浦县公馆镇的香山鸡嘴荔也以其独特的风味美名远扬。钦北区新棠镇的南局红荔枝以其个大肉脆而出名。

桂味荔枝：因其有桂花味而得名，又名桂枝、带绿。桂味荔枝果实品质极佳，以细核、肉质爽脆、清甜、有桂花味闻名。桂味荔枝耐储藏的时间较其他荔枝品种长，果实采下数天后，果皮鲜红不变色，果肉不变味。其他品种的荔枝采摘了24小时后，不采用保鲜技术的话，果皮已经变黑。

图 136　桂味荔枝

糯米糍荔枝：又称米枝，古称水晶丸。该品种果形呈偏心脏形，歪柄，果形较大，色泽鲜红间蜡黄，果皮棘感不明显，果肉乳白色、半透明、丰厚，口感嫩滑，味极清甜，核瘦小，自然糖分高，有“荔枝之王”的美称。

图 137　糯米糍荔枝

妃子笑荔枝：别名落塘蒲、玉荷包。晚唐诗人杜牧有诗：“一骑红尘妃子笑，无人知是荔枝来”，妃子笑由此得名。妃子笑是一种早熟的荔枝，农历四月左右即可采摘，而且该品种在颜色发绿的时候已经成熟，可食用，核小果大、肉厚、色美、味酸甜，品质风味优良。

三月红荔枝：也叫三月荔。该品种在农历三月下旬成熟，故名三月红，属最早熟种。该品种果实呈心脏形，上广下尖；龟裂片大小不等，排列不规则，缝合线不太明显；淡红色；肉乳白色，微韧，组织粗糙，皮薄汁多核小，味酸带甜。

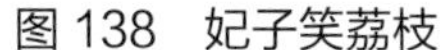

图 138　妃子笑荔枝

图 139　三月红荔枝

公馆香山鸡嘴荔：该品种果实大（直径约5厘米）、肉爽、核小如黄豆，味清甜可口，远近驰名。其原产于北海市合浦县公馆镇香山马拉坡，因果实

图 140　公馆香山鸡嘴荔百年母树

核小如鸡嘴，故称香山鸡嘴荔。据广西荔枝志记载，该品种早在300多年前已栽种。现存第二代母树树龄已近100年，仅存一株，树高6米，冠径7米×14.7米，干周1.8米。经专家鉴定，属优稀品种。1995年荣获第二届中国农业博览会金奖，目前列入国家农产品地理标志保护产品。香山鸡嘴荔枝适于山地栽培，是同类优良品种中较丰产、稳产的优稀荔枝品种。由于果实品质上乘，市场经济效益较高。目前在合浦县各乡镇、钦州市等地实现大面积种植。

荔枝营养丰富，含葡萄糖、蔗糖、蛋白质、脂肪以及维生素A、维生素B、维生素C等，并含叶酸、精氨酸、色氨酸等多种对人体健康有益的营养素。具有健脾生津、理气止痛之功效，对身体虚弱及病后津液不足、胃寒疼痛、疝气疼痛的人有一定的滋补作用和疗效。现代研究发现，荔枝还有滋养脑细胞的作用，可改善失眠、健忘、多梦等症，并能促进皮肤新陈代谢，延缓衰老。但因荔枝性热，多食易上火，过量食用荔枝或某些特殊体质的人食用荔枝可能会发生意外。荔枝木材坚实，纹理雅致，耐腐，历来为上等名材。

新鲜荔枝可以制成荔枝干，成品肉厚，味香甜，历来为送礼佳品。能加工荔枝干的品种，以糯米糍为佳，制成品肉厚核小，蜜甜醇香。荔枝干性味甘、酸，性温，有益心肾、养肝血的功用。用荔枝做菜，常见食谱有荔枝干老鸭汤、荔枝莲子炖冰糖、荔枝肉圆等。

图 141　荔枝干及荔枝干老鸭汤

龙　眼

龙眼在中国的西南部至东南部栽培很广，以广东最盛，福建次之，广西也占相应比例。广西沿海三市种植龙眼较多，品种也繁多，有石硖、大乌园、储良、凤梨穗、白核龙眼、北干焦、赤壳、大鼻龙、油潭本、立冬本、苗翘、青壳等，以石硖龙眼风味最佳。

研究发现，每百克龙眼果肉中含全糖12%—23%、葡萄糖26.91%、酒石酸1.26%、蛋白质1.41%、脂肪0.45%、维生素C163.7毫克、维生素K196.6毫克，还有维生素B1、B2、P等。经过处理制成果干，每百克含糖分74.6克、铁35毫克、钙2毫克、磷110毫克、钾1200毫克等，还含有多种氨基酸、皂素、X—甘氨酸、鞣质、胆碱等，具有强大的滋补能力。可在提高热能、补充营养的同时促进血红蛋白再生，从而达到补血的效果。龙眼肉除了对人全身有补益作用外，还对人体具有增强记忆、消除疲劳、活跃脑细胞的功效。龙眼可加工成罐头、龙眼肉、龙眼膏、龙眼干等。还可做八宝饭，或加莲子、大枣等做成粥，亦可做成菜点。

图 142　龙眼干（桂圆干）

图 143　龙眼

香　蕉

广西沿海盛产香蕉。钦州市浦北县素有“蕉乡”之称，所产香蕉的蕉皮呈金黄色，蕉体长大饱满、皮薄、肉嫩、味香，营养丰富，含有16种人体所需的氨基酸和多种维生素，含糖量高达14.11%，无农药残留。1991年浦北香蕉被指定为北京亚运会专用水果之一。浦北县香蕉产业发展迅速，2000年香蕉种植面积已达15万亩，是国家农业部下文通报的全国种蕉面积最大、总产量最高的县，已成为名副其实的“中国香蕉之乡”。北海涠洲岛的“火山岛”所产香蕉所含天然的矿物质成分十分丰富，加上其生长在四面环海的深海岛，为无工业污染的绿色环境，令其成为国内外的果中之珍品。

香蕉主要果期在每年的10—12月，果实甘美味香，营养丰富。果实可供鲜食，也可制香蕉干（片）、香蕉粉、香蕉酱等，具有润肺、滑肠、解酒、降血压等功效。

图 144　香蕉树

菠萝蜜

菠萝蜜是著名的热带水果，别名木菠萝、树菠萝、大树菠萝、蜜冬瓜、牛肚子果，被誉为“热带水果皇后”。隋唐时期从印度传入中国，称为“频那挲”（梵文Panasa对音），宋代改称菠萝蜜并沿用至今。目前广泛栽培于热带潮湿地区。菠萝蜜是常绿乔木，高达20米。花期为2—8月，果熟期为5—11月。菠萝蜜的花生长在树干或粗枝上，这叫“茎花植物”。茎花植物是热带雨林的主要特征之一，只有在多雨的热带地区才有这一奇特现象。菠萝蜜一边开花，一边结果，其花果难辨，在开花时看不到艳丽的花朵，却能悄

图 145　菠萝蜜果实

图 146　干包菠萝蜜

然结出硕大果实。鲜果果肉香甜爽滑，有特殊的蜜香味。果重最大可达每个30—60斤。品种分湿包和干包两大类，以干包品质为佳。

图 147　菠萝蜜炒猪肚

菠萝蜜全身都是宝。果肉可鲜食或加工成罐头、果脯、果汁，有止渴、通乳、补中益气之功效。种子富含淀粉，可煮食；树液和叶可药用，消肿解毒。上百年的菠萝蜜树，木质金黄、材质坚硬，可制作家具，也可作黄色染料。菠萝蜜中含有丰富的糖类、蛋白质、B族维生素（B1、B2、B6）、维生素C、矿物质、脂肪油等。

菠萝蜜果肉营养丰富，也可作为菜膳食用。常见菜品有菠萝蜜炒肉片、菠萝蜜牛柳、菠萝蜜炒玉米、烤菠萝蜜干、菠萝蜜炒猪肚等。

三华李

三华李，别名大蜜李、鸡麻李、山华李，因其皮青肉红，在中国北方的一些地方也叫血李，是两广地区最誉盛名的名优、特色水果之一。广东韶关市翁源县三华镇是三华李的发源地，所以称为三华李。由于三华李的生长对温度的要求较高，只有华南地区可以种植。在清代，三华李引进广西沿海一带种植，至今也有上百年历史了。由于三华李富含花青素，因此有悦面美容的功效，经常食用鲜三华李，据说能使颜面光洁如玉，为现代美容美颜不可多得的天然精华。

图 148　三华李

中医认为，李味甘酸、性凉，具有清肝涤热、生津液、利小便之功效。唐代名医孙思邈评价三华李说：“肝病宜食之”，三华李具有一定的利肝功能。三华李中的维生素B12有促进血红蛋白再生的作用，适合贫血者食用，三华李酒因此有“驻色酒”之称。

番　桃

学名番石榴，是一种适应性很强的热带果树。原产美洲热带，16—17世纪传至如北美洲、大洋洲、新西兰、太平洋诸岛、印度尼西亚、印度、马来西亚、北非、越南等热带及亚热带地区，约在17世纪末传入中国。目前，台湾、海南、广东、广西、福建、江西、云南等地区均有栽培。广西沿海一带

图 149　胭脂红番桃

民间传统栽种的番桃品种称为“胭脂红”，由于其一年只成熟一季，容易被果蝇产卵侵蚀等，近年来已少有人种植，只存有一些野生果树，目前仅在北海市合浦县总江口镇种植及销售。广西沿海近年来引进的新品种是台湾的四季红心番桃。

成熟的胭脂红番桃会散发一股异香，果肉柔滑甜蜜，果心绵软。与苹果相比，番桃所含的脂肪少（38%），卡路里少（42%）。番桃与西红柿一样富含番茄红素，是一种类胡萝卜素化合物，具有很强的抗氧化性，具有抑制肿瘤细胞增殖和防止健康细胞癌变的功能。此外，丰富的维生素C含量有助于人体清除体内氧化自由基，减少细胞受损，具有预防癌细胞侵蚀的功能。

番桃广泛应用于食品加工业，主要目的是增加食品维生素C的含量，使食品的营养得以强化和提高。番桃既可当新鲜水果生吃，也可煮熟食用，煮熟后的番桃可制作成果酱、果冻、酸辣酱等各种酱料。在制作各种酱汁、水果沙拉、派、布丁、冰激凌、优格以及某些饮品的时候，加入番桃能增加风味。

火龙果

图 150　火龙果

原产于南美洲，是仙人掌科、量天尺属的栽培品种，攀援肉质灌木，具气根。分枝多数，延伸，叶片棱常翅状，边缘波状或圆齿状，深绿色至淡蓝绿色，骨质；花漏斗状，于夜间开放；鳞片卵状披针形至披针形，萼状花被片黄绿色，线形至线状披针形，瓣状花被片白色，长圆状倒披针形，花丝黄白色，花柱黄白色，浆果红色，长球形，果脐小，果肉白色、红色。目前，钦州市和防城港市大力引进并广泛种植火龙果，火龙果每年5—12月开花结果，能成熟12批次。火龙果的枝干、花朵和果实均能食用。广西沿海地带的一些酒店开设了特色餐厅，提供火龙果宴，其中有火龙果枝干切碎煎蛋、果皮搅碎煎饼、花朵煮汤等菜品，火龙果的果实可直接食用或做成甜点，是有地方特色的风味食品。

捻　子

学名桃金娘，别名有豆稔、哆尼、岗菍、山菍、多莲、当梨根、仲尼、乌肚子、桃舅娘、当泥等称呼。捻子的花期是每年的4—5月，夏日花开，绚丽多彩，灿若红霞，边开花边结果。捻子果实未成熟时呈绿色，成熟时呈紫色，多籽甘甜，富含花青素，是鸟类的天然食源，也是沿海山区常见的天然野果。捻子果可泡酒，是优良的果酒原料。捻子树全株可供药用，有活血通络、收敛止泻、补虚止血的功效；也用于园林绿化、生态环境建设，是有利于山坡复绿、水土保持的常绿灌木。

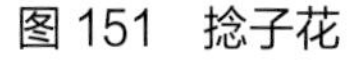

图 151　捻子花

图 152　捻子果实

三月泡

学名山莓，又名树莓、山抛子、牛奶泡、撒秧泡等，花期是每年的2—3月，果期4—6月。每到清明时节，广西沿海一带的人们都有“拜山”的习惯，一个家族齐聚一起，到祖先坟墓所在的山上，整理坟墓周边的杂草，并摆上“三牲”或“五牲”祭祀祖宗。那时，正好是三月泡果实成熟的季节，孩子们会一边爬山，一边找寻三月泡来品尝，其果实微甜，但是藤蔓布满尖刺。采摘时要特别小心，注意防止被刺着，影响了春游的乐趣。

图 153　三月泡

杨　梅

又称圣生梅、白蒂梅。在中国华东和湖南、广东、广西、贵州等地区均有分布。广西沿海一带的野生及人工种植杨梅品种有杨梅、白杨梅和矮杨梅等。杨梅枝繁叶茂，树冠圆整，初夏时红果挂满树梢，引来游人纷纷采摘。杨梅酸甜适中，有止渴、生津、助消化等功能。既可 直接食用，又可加工成杨梅干、酱、蜜饯等，还可酿酒。在广西沿海一带，当人们在水果摊购买杨梅时，老板都会附赠一包甘草盐或者辣椒盐。由于盐有提味的作用，能压制酸味，这样在人们品尝杨梅时，如果加上甘草盐等会减杨梅的酸味，不至于出现酸倒牙的现象，这是当地百姓代代相承的经验。

图 154 杨梅

桑 椹

别名为桑椹子、桑实、桑果，是桑科桑属多年生木本植物桑树的果实，椭圆形，长1—3厘米，表面不平滑。未成熟时为绿色，逐渐成长变为白色、红色，成熟后为紫红色或紫黑色，味酸甜。分布在北至内蒙、新疆、青海、甘肃、陕西，南至广东、广西，东至台湾，西至四川、云南的地域范围，以长江中下游各地栽培最多。

近几年，广西沿海各地引进桑椹种植，因其植株成果时间短，可以开展旅游采摘活动，也可以作为酿酒原料。桑椹具有生津止渴、促进消化、润肠通便等作用，桑椹酒是一种新兴的果酒，是水果酒之中的极品，具有滋补、养身及补血之功效。

图 155 桑椹

万寿果

鼠李科枳椇，亦称拐枣，属于落叶乔木，分布在热带、亚热带向阳山坡，果体呈扭曲状万字符“卍”，故万寿果又叫万字果、万子果，其顶部还有对瓣状的棕色籽粒。在广西各地，万寿果是一种无人批量种植的野果，在成熟后便有人采摘在市场出售，可遇而不可求。其味甜稍脆，但吃起来比较麻烦，如果剥皮后吃，果肉剩得不多，如果不剥皮食用又担心拉肚子。因此，大多数人买来万寿果用于泡酒，而不是直接食用。万寿果有止渴除烦，消湿热，解酒毒的功效，有舒筋活络，提神醒脑、壮胃健脾的保健功能，对降低血压、血脂、血粘及预防癌症等都有一定的作用。

图 156　万寿果

番荔枝

别称释迦果、赖球果，原产于热带美洲，现全球热带地区有栽培。中国

图 157　番荔枝

浙江、台湾、福建、广东、广西、海南和云南等省区均有栽培。其表皮酷似荔枝，故名“番荔枝”，成熟时，表皮会龟裂，散发出甜蜜馥郁的味道。

番荔枝含丰富的维生素C，具有降血糖的功效，是最佳的抗氧化水果，能够有效延缓肌肤衰老，美白肌肤；番荔枝纤维含量较高，能有效地促进肠蠕动，排走积存在肠内的宿便。

番荔枝果实主供鲜食，也可制成果汁、果露、果酱、果酒、饮料等，其根可作泻药，叶可用于伤口消毒。由于番荔枝含有鞣酸，应避免与乳制品或高蛋白的食品一起食用，以免生成不易消化的物质。

油甘果

油甘果又名牛甘果、余甘果、油金子。吃起来又苦又酸，吃过后甘凉，十分正气，有先苦后甜之感。目前市场上有野生油甘果和水果型油甘果两种。在广西沿海三市市面上出售的主要是野生油甘果。其原产地是中国、印度、巴基斯坦、马来西亚、菲律宾、泰国等地。现已将油甘果引种到埃及、南非、肯尼亚、古巴、澳大利亚、美国等地。其中以中国和印度分布面积最大，产量最多。在中国主要分布在福建、台湾、广东、广西、贵州、云南等热带亚热带地区。油甘果耐旱耐瘠，适应性强，在沙质壤土、土层浅薄瘦瘠的山顶或山腰均能正常生长，但以土层深厚的酸性赤红壤生长较好。广西沿海三市以酸性赤红壤为主，十分适宜油甘果生长，所以这里也是油甘果的产地。

油甘果含有丰富的维生素C、维生素E、维生素B及多种微量元素和矿物质，同时还含有人体所需的14种氨基酸以及超氧化物歧化酶（SOD）和丰富的有机硒，尤其是维生素C，每100克鲜余甘果中含维生素C500—1841毫克，比素有“维生素之王”之称的猕猴桃高4倍，比柑桔高25倍，具有润肺化痰，生津止渴，降低血压，增进食欲多种作用，可治喉炎和乙肝炎，肺热或感冒风热、烦热，常吃牛甘果，有医疗和保健功效，在民间应用广泛。此外，油甘果的根、茎、叶均可入药，用油甘果叶作药枕，民间早已广为流传。李时珍在《本草纲目》中称余甘子“九胺轻身，延年长生”。

图 158　油甘果

油甘果以果形圆大，果皮光滑，果肉半透明，肉色淡黄或赤黄较理想；愈青绿的油柑，味道较苦涩且咀嚼有渣，油甘果可以生吃，其味道：当人们第一口咬它的时候，苦苦的，涩涩的，毫不犹豫地马上把它吐掉；可是当人们咬第二口时，反而感觉它美妙的清甜，越嚼越有味道。油甘果一般在腌制后比较容易入口，也可做成果醋、果脯、糖果等，现已开发有保健药品余甘子胶囊。

油甘果的腌制方法：首先把果子洗干净，装入罐子中，然后注入不粘上任何油腥的凉开水至没过果子1厘米，最后把盐撒在罐中覆盖上果子顶部一层，密封。一个月后开盖，如果子变成棕黄色即可食用。

木鳖子

木鳖子也叫藤桐、木别子、漏苓子、木蟹、土木鳖、壳木鳖、地桐子、鸭屎瓜子、木鳖瓜、番木鳖等多年生草质藤木，具膨大的块状根。主要分布于长江流域及以南地区，中南半岛和印度半岛也有。钦州当地有一定数量的野生木鳖子。花期6—8月，果期8—10月。常生于海拔450—1100米的山沟、林缘及路旁。野生于山坡、林缘的土层深厚处。喜温暖和充足阳光。在过阴环境下生长不良。

图 159　木鳖子

木鳖子味苦、微甘，凉，有毒。木鳖子归肝、脾、胃经。有消肿散结，祛毒的功效，当地多为药用。但因其果肉和种子包膜色泽艳丽，当地民间也会用其和糯米一起做成木鳖子粑，一般为人们在建新房上梁头时用，或冬至日食用，取其彩头。

百香果

百香果是西番莲属的草质藤本植物，原产安的列斯群岛，广植于热带和亚热带地区。主要有紫果和黄果两大类。果可生食或作蔬菜、饲料。入药具有兴奋、强壮之效。果瓤多汁液，可制成芳香可口的饮料，还可用来添加在其他饮料中以提高饮料的品质。种子榨油，可供食用、制皂和制油漆等。花大而美丽，没有香味，可作庭园观赏植物。

百香果富含人体所需的17种氨基酸、多种维生素和类胡萝卜素以及多种微量元素，常食用其果及其加工品，对人体有助消化、化痰、治肾亏、提神醒脑、活血强身、镇静止痛、减压降脂等功效。以百香果为原料还可制成果子露、冰淇淋、果酱、果冻、果酒等加工品。不但风味独特，营养丰富，还可以帮助消化，滋补健身。有“果汁之王”“摇钱树”等美称。

图 160　百香果

1936年台湾从夏威夷引入黄果西番莲，在20世纪六七十年代进行商品化种植。目前，百香果在广东、广西、海南、福建、云南和四川等地均有种植，尤以广西钦州百香果最为有名。钦州市种植的百香果是1998年从夏威夷引进的，经过十多年的种植，在浦北县和钦南区那丽、那彭、沙埠、久隆等镇已经形成规模，成为当时不少果农的致富果。

土柠檬

土柠檬又称柠果、洋柠檬、益母果等。芸香科柑橘属植物，果椭圆形或卵形，果皮厚，通常粗糙，柠檬黄色，果汁酸至甚酸。原产东南亚，现在中国长江以南有种植。因其味极酸，肝虚孕妇最喜食，故称益母果或益母子。柠檬中含有丰富的柠檬酸，因此被誉为“柠檬酸仓库”。它的果实汁多肉脆，有浓郁的芳香气。因为味道特酸，故只能作为上等调味料，用来调制饮料菜肴、化妆品和药品。此外，柠檬富含维生素C，能化痰止咳，生津健胃。用于缓解支气管炎，百日咳，食欲不振，维生素缺乏，中暑烦渴等症状。

图 161　土柠檬

广西沿海一带所产的土柠檬俗称牛脚子，果形浑圆，和柠檬的外形一样，只是水果身上有自然形成的斑点，其功效和口感和柠檬差不多。每年五六月份，土柠檬成果，人们将之采集后用盐渍，贮藏起来用来调味。在物质条件丰厚的今天，当人们进食过多的肥腻膏脂后，柠檬、山楂等酸物在助消化，益美容方面的功效令人关注。用柠檬可制作开胃醒脾的柠檬水、调味品（用于烤鸭、烧鹅）、蜜饯及果酒。

酸　梅

酸梅也叫青梅、梅子，是一种水果。属龙脑香科植物树。其性味甘平、果大、皮薄、有光泽、肉厚、核小、质脆细、汁多、酸度高、富含人体所需的多种氨基酸，具有酸中带甜的香味，特别是因其富含果酸及维生素C，其半成品——干湿梅富有弹性，呈淡黄色，加工时果皮不易开裂，内含物不易流失，且腌制过程中只需加适量食盐，而不需添加其他任何添加剂，保质期就可达到12个月以上，品质超过日本盛行的南高梅，符合日本的国家腌制标准，深受日本市场欢迎，被誉为“凉果之王”“天然绿色保健食品”。

图 162　酸梅

酸梅有着防老化、益肝养胃、生津止渴、中和酸性代谢产物等功效。其营养素含量全面、合理，是具有多种医疗保健功能的食品，属于药食两用食品类。青梅因其鲜果太酸，除少量供鲜食外，绝大多数供加工成果脯、蜜饯、药材和保健食品、美容品等。中国各地均有栽培，但以长江流域以南各省最多。广西沿海各地在春夏之交有较多酸梅上市，一般人家都会购买回来自己腌制。

腌制酸梅的方法如下：先将摘下来的新鲜酸梅洗干净，然后晒干，再准备一个干净的玻璃瓶，先在瓶底撒上一层薄盐，再放一层果，再放上一层盐，如此类推，盐和果互相间隔，越往上盐放得越多，一直到放满为止，最后用瓶盖密封置于通风处，大概经过五到六个月就可以食用了。可用酸梅做菜或饮料，如酸梅猪脚、酸梅排骨、酸梅汤、绿豆酸梅茶、酸梅酒、山楂酸梅汤等。

杨　桃

杨桃，别名五敛子、阳桃、洋桃、三廉子等，是一种产于热带亚热带的水果。其浆果呈卵形至长椭球形，淡绿色或蜡黄色，有时带暗红色，果子呈五角星形。

杨桃有很高的药用价值，尤其鲜果含糖量非常丰富，成分包括蔗糖、果糖、葡萄糖、苹果酸、柠檬酸、草酸、多种维他命、微量脂肪及蛋白质等，对人体有助消化、利小便、解酒毒、生津止渴、清热利咽、滋养和保健的功效，是一种营养成分较全面的水果。除肾病患者应忌口外，一般人群可以放心食用。直接食用时，将杨桃剥成五棱或切片，沾少量食盐食用，或榨出果汁加少量食盐饮用；也可加工成鲜杨桃汁、醋渍杨桃、糖渍杨桃、杨桃芡米粥、杨桃茶；还可以作为餐桌上的一道菜，如杨桃瘦肉汤、杨桃焖鱼等；甚至可作为美容品：将杨桃捣烂敷面，每次敷面10—15分钟，有助于消除黑斑及面色的黑色素。

杨桃的原产地为马来西亚、印度尼西亚，广泛种植于热带各地。中国广东、广西、福建、台湾、云南有栽培。广西沿海盛产杨桃，杨桃焖海鱼是广西沿海渔民的经典美食。

图 163　杨桃

黄　榄

榄（橄榄）为中国特产果树，鲜果含有丰富的钙质和维生素C，久嚼甘甜可口，有独特风味。同时具有生津止渴、助消化、消喉炎、治骨鲠等作用，对儿童骨骼发育和老人缺钙有很大的补益。

图 164　浦北黄榄

产于广西沿海地区的主要品种是黄榄。黄榄含有丰富的营养物质，每百克果肉含有蛋白质1.2克，脂肪1克，碳水化合物12克，钙204毫克，维生素C21毫克。鲜食爽口清香，甘味回味无穷。黄榄还有很高的药用价值。据《本草纲目》载：黄榄能开胃下气，止泻，生津液，止烦渴，治咽喉痛，咀嚼咽汁能解一切鱼鳖毒。此外，新鲜黄榄还可以解煤毒，食之能清热解毒，化痰消积，还有舒筋活络之效。

钦州市浦北县在新中国成立前后均分布有大量野生黄榄树。1981年，该科技部门经过技术攻关攻克黄榄芽嫁技术难关，在县内进行大面积人工种植黄榄，至1990年，全县野生和人工种植的黄榄树约有200多万棵，年产鲜果1000多吨。其中，挂果100公斤以下的约6万棵，100公斤以上的约7万棵；单棵挂果有达700公斤以上的。主要产区是福旺、江城、龙镇、大成、张黄、安石、三合等乡（镇）。每年7—10月是黄榄上市时节，黄榄经过精细加工，制成的和顺榄等果脯畅销全国，远销东南亚等国家和地区。

（四）其他特色植物

红椎菌

红椎菌又名红菇，是经过漫长岁月才能形成的红椎林土壤腐殖层在高温湿热的特定气候条件下，生长出来的纯天然食用菌。红椎菌每年只有5—8月 4 个月的生长期，经科学家们反复研究、试验，目前红椎菌还无法实现人工栽培。红椎菌是珍稀的纯天然野生菌，在2008年前后，浦北县年产红椎菌干只有8万多斤。

钦州市浦北县龙门、白石水、北通镇一带有种植红椎木的得天独厚的条件，拥有20多万亩连片原始红椎林，林下盛产天然珍品红椎菌。目前，全县红椎菌年产量已达250吨，是中国著名的“红椎菌之乡”。2013年，国家质检总局公告“浦北红椎菌”为地理标志保护产品。

红椎菌具有养血壮体、护肤养颜、防癌抗癌、延缓衰老等保健功效，是世界上不可多得的纯天然保健食用菌。深受国内外消费者的青睐，畅销福建、广东等省及港澳台等地区以及日本、东南亚等国家和地区，市场销售价连年上扬。红椎菌目前尚无深加工产品，全部靠人工晒干或烤干销售，绝无污染，是纯天然保健食用菌。

图 165　红椎菌

金花茶

属于山茶科、山茶属，与茶、山茶、南山茶、油茶、茶梅等为孪生姐妹，是国家一级保护植物之一。金花茶因其稀有和长出金黄花色而被誉为“茶族皇后”和“植物界的大熊猫”。在金花茶的功能被发现前，当地人把这种茶花称作“牛尿草”，据说生病的牛食用了它会较快痊愈。

图 166　金花茶

1960年，中国科学工作者首次在广西防城一带发现了一种金黄色的山茶花，便命名为金花茶。防城港市是中国金花茶的最先发现地及分布中心，汇集了自然界现有32种7个变种金花茶中的23种和5个变种。目前，中国唯一以保护植物的名称命名的金花茶国家级自然保护区就坐落在该市。世界物种最齐全、数量最多的金花茶种基因库建在该保护区（保护区于1994年经国务院批准设立，总面积9195.1公顷，其中核心区729.4公顷、缓冲区4139.5公顷）。2002年，金花茶被防城港市确定为市花。

金花茶的花呈金黄色，耀眼夺目，仿佛涂着一层蜡，晶莹而油润，似有半透明之感。金花茶单生于叶腋，花开时，有杯状的、壶状的或碗状的，娇艳多姿，秀丽雅致。金花茶富含茶多糖、茶多酚、总皂甙、总黄酮、茶色素、咖啡因、蛋白质、维生素B1、维生素B2、维生素C、维生素E、叶酸、脂肪酸、B—胡萝卜素等多种天然营养成分；金花茶含有茶氨酸、苏氨酸等几十种氨基酸，以及多种对人体具有重要保健作用的天然有机锗、硒、钼、锌、钒等微量元素，和钾、钙、镁等宏量元素，被誉为“魔茶”。它具有明显的降血糖和尿糖作用，可增强免疫力、调节血流量，防止动脉粥样硬化，还具有抗菌消炎、清热解毒、通便利尿去湿，增进肝脏代谢等功效。

金花茶花瓣无味，花粉极苦，可制成茶品饮用，也可作为菜肴的辅助材料，既能保持原菜品的风味和口感，又能够去油腻、去腥等。特色菜品有金花第一骨（金奖菜品）、金花荷香八宝鸭、金花茶酥肉、金花烤肉等。

酸咪咪

学名三叶草，又名酸味草、酸眯草、酸薇草、酸酸草。其叶子通常由三个心形的叶瓣构成，叶子和花都带酸味，根茎像小萝卜略带酸甜味，孩童们常将其含于嘴中吸取其味，得名“酸咪咪”。在国外，人们喜欢吃酸咪咪，将其添加到沙拉中以增加风味。但据研究，酸咪咪内含有丰富草酸，容易分泌形成草酸钙晶体，大量摄入这些晶体可能会导致结石，损害肾脏，应尽量少食用。

图 167　酸咪咪

水莛子

水莛子又名野苹果，即火棘，分布在云南、湖北西部、江西、四川盆地、陕西南部、甘肃东部及周边等地区的一种灌木丛中。当地俗名又叫“豆金粱”“洋仔仔”“红仔仔”等。在云南被称为“沙令果”，四川巴中称其为“水夹子”。广西沿海一带也有此植物。现在常流行于做盆栽，以做造型用。

图 168　水莛子

水莛子熟透的果实像苹果一样很粉红，果实中间夹有黑色的籽。一般在入冬季节成熟，大雪前后熟透，是长青植物，可以作为盆景植物，美观漂亮。其果实成熟季节长在灌木丛中星星点点煞是好看。有“智慧果”“记忆果”的美称。

丹竹液

丹竹液是单竹体内的汁液，《本草纲目》中称竹液为“神水”。在钦州

市浦北县，人们采用科学方法和民间传统工艺提取活竹液，制成丹竹液，其味道清洌，微甜。经科学检验，丹竹液富含偏硅酸、氨基酸、多种维生素和锗、锶、硒、锌、铁等二十多种人体所需的微量元素，经常饮用能活化人体细胞、具有抗衰老作用，适合咽喉炎、高血压、小儿惊风、感冒发烧患者以及烟酒后燥热痰积者饮用。

图 169 丹竹液

甘 蔗

甘蔗属，多年生高大实心草本植物。在中国台湾、福建、广东、海南、广西、四川、云南等南方热带地区广泛种植。甘蔗是温带和热带农作物，是制造蔗糖的原料，且可提炼乙醇作为能源替代品。甘蔗中含有丰富的糖分、水分，还含有对人体新陈代谢非常有益的各种维生素、脂肪、蛋白质、有机酸、钙、铁等物质。在广西北部湾地区，甘蔗主要用于制糖，但也是当地人们常吃的果类食物。其中表皮为紫色的甘蔗称为“黑肉蔗”，其肉质较软，甜度非常高，主要当水果食用。在炎炎夏日时，人们在大树下边啃黑肉蔗边聊天，吐出来的甘蔗渣就地埋起来，还可以当肥料。表皮为绿色的甘蔗称为“竹蔗”，质地较硬，味道清甜，主要用来煲凉茶，有降火的作用。在广西沿海各地的街头的凉茶店内，往往备有榨甘蔗汁的机器，可用一根竹蔗为原料直接榨出一碗甘蔗汁以供人们作饮品饮用。

图 170 黑肉蔗

茅 根

又名茅草、白茅草、白茅根，为禾本科茅根属多年生草本植物。株高20—80厘米。根壮茎白色，横走于地下，密集，节部生有鳞片，先端尖有甜味。其主要生于平原溪边、岸旁湿润草地中，主要分布在广西、广东、海南等地。其味甘苦，性寒，无毒。归经：入肺经、胃经、小肠经。有凉血止血，清热解毒的功能。广西北部湾地区常用作制作凉茶的原料，一般用于与马蹄、竹蔗一起熬制成茅根甘蔗马蹄水，具有生津止渴，消暑解腻的作用。

图 171　茅根

凉粉草

唇形科植物，分布于中国台湾、浙江、江西、广东、广西，是一种重要的药食两用植物资源。凉粉草全草含多糖，有消暑、清热、凉血、解毒功能。《本草纲目拾遗》载："仙人冻，一名凉粉草。出广中，茎叶秀丽，香犹藿檀，以汁和米粉食之止饥，山人种之连亩，当暑售之。"可见，人工栽培凉粉草古已有之。

图 172　凉粉草

凉粉草植株晒干后可煎汁与米浆混和煮熟，冷却后即成黑色胶状物，质韧而软，以糖拌之可作暑天的解渴品。在广西沿海民间常用凉粉草的茎加水煎煮，再加稀淀粉制成冻（俗称"凉粉"）食用，是消暑解渴的极佳食品。

八角、桂皮

八角是八角茴香科、八角属的一种植物。乔木，树冠塔形，椭圆形或圆锥形；树皮深灰色；枝密集。果梗长20—56毫米，聚合果饱满平直，蓇葖多为8，呈八角形。分布于东南亚和北美洲，其中亚洲占80%。在中国主要分布在广东、广西、云南、四川、贵州、湖南、湖北、江西、江苏、浙江、福建、台湾等省区。

八角干燥成熟果实有含芳香油、脂肪油、蛋白质、树脂等，提取物为茴香油，茴香油的主要成分为茴香醚、茴香醛、茴香酮、黄樟醚、水芹烯等。

八角果为著名的调味香料，也是重要的中药材。八角果实在日常调味中可直接使用，如炖、煮、腌、卤、泡等，也可直接加工成五香调味粉。茴油

图 173　东兴八角

和八角油树脂则通常用于肉类制品、调味品、软饮料、冷饮、糖果以及糕点、烘烤食品等其他食品加工业领域。果皮、种子、叶都含芳香油，是制造化妆品、甜香酒、啤酒和其他食品工业的重要原料。八角果具有健胃、驱风、镇痛、调中理气、祛寒湿、治疗消化不良和神经衰弱等功用。但多食会损目发疮。

桂皮又称肉桂、官桂或香桂，为樟科植物天竺桂、阴香、细叶香桂、肉桂或川桂等树皮的通称。肉桂原产中国，分布于广西、广东、福建、台湾、云南等湿热地区，其中尤以广西最多。肉桂的各部，如其树皮、枝、叶、果、花梗都可提取芳香油或桂油，用于食品、饮料、香烟及医药，但常用作香料、化妆品、日用品的香精。树皮被叫作桂皮，味辛甘、性热，入肾、脾、膀胱经，有补元阳，暖脾胃，除积冷，通脉止痛和止泻的功效。为常用中药，又为食品香料或烹饪调料，是五香粉的成分之一。

广西西部和南部（百色、南宁、钦州、梧州、玉林等）地区是中国八角的主产区。防城港市素以生产东兴（防城）“大红八角”“东兴（防城）桂”闻名中外。钦州浦北县生产的浦北八角也享誉区内外。目前，防城港市防城区八角、肉桂种植总面积达125万亩，成为全国唯一的肉桂八角面积超百万亩的县（区），是全国三大香料基地之一，被外界誉为“世界香料原料库”。国家林业局2000年和2001年分别授予防城区“中国名特优经济林八角之乡”和“中国名特优经济林肉桂之乡”称号。

图 174　防城肉桂

在春光明媚的春天里，香气扑鼻的艾草，经由老奶奶的巧手，揉出一个一个青青的艾糍；在烈日炎炎的沙滩上，人们找寻一个个充满喜感的小孔，待落日余辉爬上沙滩时，从那小孔中钻出一个个沙蟹小脑袋；渔民满怀欣喜地将沙蟹捞进网兜，抖制成浓浓的沙蟹汁，与新鲜豆角配上成就绝妙菜肴；在金黄璀璨的秋天里，瓜果蔬菜甜美丰富，丛林里的红椎菌露出其娇羞脸庞，侧耳倾听人们的找寻声。在海中，肥嫩的大蚝在蚝排中静候人们的到来，小孩子们则期待着在炎炎炭火上与蒜蓉、酱油等相见；冬天是藏纳的季节，北部湾各地迎来了收敛的平和，到处是脂满膏盈的鱼虾贝类……

广西北部湾辽阔的海面、连绵的大山为老百姓们提供无数大自然的馈赠，有丰富的鱼类、螺类、藻类、多样的菌类、家畜、飞禽等，百姓们用其勤劳的双手和智慧，将大自然的馈赠打上美食的烙印，代代传承。

广西北部湾各地饮食习俗因地情而有异，因四时而有变化，因人情而有不同。海边人爱喝粥，山里人爱吃饭。春天，人们会外出采百草，煮水给儿童沐浴；秋天，人们用月饼和水果等祭月，拜“月呆呆”（月婆婆），祈求月神的庇佑等。生活中的诸多仪式，体现了百姓内心对自然的尊重和敬畏，它们让人们感受到内心的富足，使生命不断散发着最美的光彩。

第一章　日常食俗

一、海边人家食俗

广西沿海一带有不少世代以海为生的居民群落，如以“舟楫为家，捕鱼为业”的疍家，以海洋渔业为主要生产活动的京族人，还有在海洋的怀抱中生活的客家人。无论属于哪一个群体，无论他们的原住地在哪里，只要来这里呆久了，成为这里的常住居民，都会喜欢上喝粥。滨海人家爱吃粥，这大概与所居住的地区常年气温偏高、光照时间长、紫外线强、人们容易流汗有关，人们习惯于从饮食中来补充水分。

与中原地区流行的黏稠米粥相比，广西沿海一带的人们流行喝清简粥。这是一种可看得出哪部分是米，哪部分是水的米和水的混合物，而不是水米交融，糊成一锅的粥。其一般做法：在锅内放入水，待水烧开后放入米，不停搅动，等米开花了就停火，待凉了便可食用。另外一种做法：把水与米同时放锅中，待水烧开后，放小火，煮上五分钟，即揭开锅盖，等粥凉了，便可食用。

在20世纪70、80年代，当地还流行煮捞米饭，即人们把米放入水中煮，待米开花后，便用捞勺将大部分米花捞出来当饭，剩下来的部分米花与汤继续煮成粥，或用于人食用、或当作喂猪的饲料。时至今日，煮捞米饭的人家已不多（因为这种煮法需要一个能装入较多水的大锅和烧柴火的土灶，而现今人们煮饭更多选用电饭锅及小型煮锅，极少用土灶），人们更多地选择煮清简粥来食用。在北海市、

图 175　番薯粥

钦州市和防城港市的沿海乡镇，人们还喜欢在煮粥的同时加入一些番薯丝，煮出带甜味的番薯粥。

在京族地区，京族人普遍喜欢甜食，特别喜欢喝糯米糖粥。其煮法很简单：将糯米淘净用水煮，至将熟时，加糖再熬，至米烂水显现胶质即成。若煮得好，糖粥亮晶晶、甜润润、香喷喷，很是诱人。逢年过节，京族人都要吃糯米糖粥；祭神祀祖最不可少的祭品也是糯米糖粥；平时家中来客了，主人免不了要捧出糯米糖粥来招待，要是一时拿不出，也会端来一碗红薯糖汤、粉丝糖汤或绿豆糖水。

图 176　糯米糖粥

除了喝粥的习俗外，广西沿海一带还有不少与食俗有关的习俗：如吃大鱼时，切忌说把鱼“翻”过来，在出海捕鱼的渔民耳中，“翻”字很不吉利，它意味着“翻船”（即船底朝天）。因此，在渔民家吃鱼，吃完一面，想把鱼“翻”过来吃另一面，只能说“顺转这条鱼”，而不能说“翻转这条鱼”。一定要说“顺”字，表示吉利。还有，吃饭的筷子不能平放在碗上，因为船在海里遇上风浪时，需要将桅杆放倒，而筷子与桅杆、碗与船相似，筷子不能平放在碗上意在行船不遇风流，且筷子不能称筷子，要称“篙”；不能在锅中用锅铲铲锅巴，不许用筷子在船板上顿；渔船出海打桩，不能坐在桩堆上吃饭；吃鱼时不能挖鱼眼，吃完鱼上半段必须连头带骨夹去，才能再吃下半段鱼等。

疍家婚礼食俗

现居住在北海的疍家一部分是清末逐渐从广东珠江三角洲沿海、广东电白、阳江沿海迁移过来的，主要居住在外沙和侨港一带，仍保留了“疍家”

图 177　疍家婚礼

图 178　全是鱼宴

水上生活的习俗。还有一部分是20世纪70年代末从越南归国的渔民。

疍家婚礼有着以船代步（轿）等一整套风俗习惯。疍家的出嫁女可称得上是天底下最幸福的新娘了。新娘出嫁，先由男家择定吉日良辰，然后伴郎划着花团锦簇的小艇前来迎亲。新娘拜辞祖宗神祇和家长，边哭边唱，由喜娘背着，伴娘打伞遮护簇拥登上迎亲小艇，在喜炮鼓乐声中，前往新郎家。艇到男家棚户，新娘仍由人撑伞背入，拜堂合卺，张筵款客，婚礼有十几个环节。疍家酒席“全是鱼”寓意夫妻婚后捕鱼丰收，生活幸福。

由于社会不断发展，疍家人的生活条件和环境得到了极大的改善，大部分疍家人都在岸上建了小洋楼，成为陆上一族。对于婚嫁这一人生大事，由于年轻人倾向于采用西式婚礼，古朴而热闹的疍家婚礼场面现在已难得一见。

二、山里人家食俗

山里人家爱吃米饭，如大米饭、糯米饭、粽子等。用大米和糯米等做出来的米糕类食品，大多数也是山里人家传承和琢磨出来的。

芋头饭，现在是一些饭店的特色主食。但经历过20世纪60、70年代的人都很清楚，那是一种粮食短缺年代的无奈。为了弥补口粮的不足，人们往往在大米里放入红薯、芋头同煮以供食用。由于没有调料，饭中只能加入盐和一点猪油来调味。在粮食短缺的年代，即使是能吃一餐芋头饭，人们也感到相当有口福了，而且会认为这是一种高规格的享受。在合浦公馆一带，有中秋节吃芋头饭的习俗，把吃芋头饭与吃月饼作为同等规格的节日享受。另外，在小孩升学、青年参军、女儿出嫁、过生日等喜庆日子，人们也可能会吃芋头饭。

随着社会的发展，人民生活水平的提高，芋头饭渐渐被人们淡忘。但是随着人们对绿色环保和低碳生活的追求，芋头作为绿色食品，它的营养价值不断被发现。用芋头做的菜进入了饭店酒楼的菜谱中，常见的是芋头饼、拔丝芋头等，复杂一些的做法则把芋头与鱼肉、猪肉、鸡肉、冬笋、香菇等掺在一起，用油轻炸、或蒸、或焖。广西百姓餐桌上的芋头饭大多采用荔浦

图 179　竹筒芋头饭

芋头，它香糯、松粉、口感略甜，可与肉类煮或焖，也可切片入火锅烫食以及做芋末丸子、香芋红烧肉、爆炒芋片、芋头排骨、芋头扣肉等，当芋头以新的形式和味道出现在餐桌时，受到了人们的青睐。芋头饭，一般采用荔浦芋加优质大米，放入香菇、肉粒、虾米等配料，增加香气，以木柴为燃料焖制而成。让人感到好奇的是，广西沿海的一些餐馆中的芋头饭不是用碗来盛的，而是盛放在碗口大的半节竹筒里面。让人们在品尝芋头饭的同时，闻到竹筒的清香，给人一种返璞归真，回归自然的感觉。

第二章　节日食俗

一、春节食俗

春节是中国最重要的日子，虽然南北春节习俗不同，但春节都是中国最热闹、最喜庆的节日。每临近年关，广西沿海一带的人们纷纷开始准备年货，如购买年货、春联、门神、贴花、鞭炮，同时开始打扫清洁。年三十晚，在准备年夜饭的同时，人们忙于祭灶、祭祖、贴春联、门神、守岁等。年初一零时起，家家燃放鞭炮，辞旧迎新。年初二亲友带上礼物互访“拜年”，正月十五元宵节晚上闹花灯、猜灯谜等。但在春节，人们要吃的东西也有不同种类。

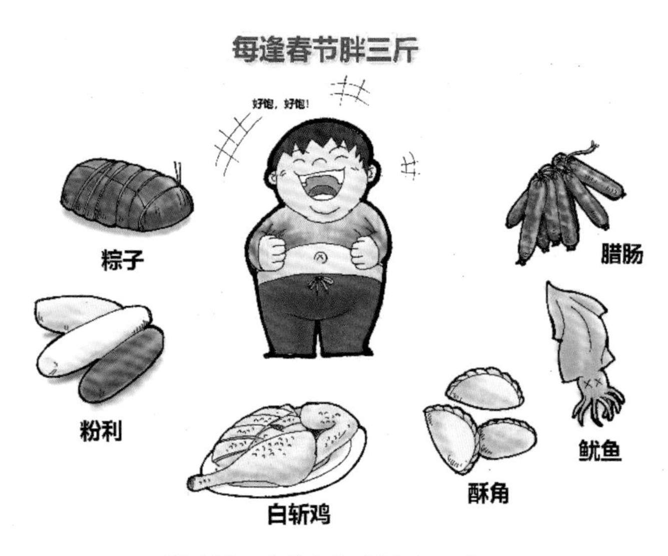

图 180　春节食俗（潘科 / 画）

年　粽

图 181　灵山大粽

当地家庭的传统是包年粽。这可是一件大事，一般提前两三个星期做准备。广西沿海一带的粽子是枕头形状的，叫枕头粽。粽子的个头有大有小，一般大的每个会有5—6斤重，小的每个有3—4两重。过年的时候，一家人吃一条大粽就足够了。

目前所知的当地最大的粽子，是2013年由尧家村的群众自发组织制作的灵山大粽王，重达668市斤，粽长1.3米，宽1米，高0.8米，共聘请了16名大粽制作有经验的师傅，经过十多个小时的精心制作，炖煮三天四晚而成，为迄今为止体积最大、重量最重的荔乡“大粽王”。

要做枕头粽，首先要备好料。准备野生粽叶、糯米、去壳的绿豆、虾米、板栗、肥瘦相间的猪腿肉或者五花腩肉（要用生抽、盐、酒、葱、姜腌上一整天）等，糯米和干果（板栗、莲心）等也要提前泡好。根据地区的不同，其馅料也有点差异。如灵山县一带人们喜做绿豆粽，钦州北部地区爱做芝麻粽。

包粽子不仅是个技术活，还是个力气活，要用上一整天的时间。首先选用又宽又大的粽叶，将之放入锅头加水煮沸，然后浸泡一两天，再用水清洗干净，以待用。糯米洗净淘沙后，放入一定比例的盐捞匀调味。包粽子时，先把粽叶叠好放平，铺上糯米和去皮淘洗干净的绿豆及粽心肉。然后再放上糯米覆盖，裹上绳子，包成枕头形，再用线绳加固捆好。

粽子包好后，当天要用大锅煮7—8个小时。同时，要注意火候，开始时猛火煮至水沸腾，然后用慢火，保持锅内的水滚开为好，在煮的过程中，要注意锅内水的情况，适时往锅里加水，防止烧焦。煲至3—4小时时，要及时把锅底的粽子翻至上层，把锅内上层的粽子放入锅底，继续加水烧煮至粽子全部熟透。

图 182　煎灵山大粽

在灵山县，人们一般白天包粽，晚上熬粽。次日早上即可开吃粽子，谓之“起镬粽”（刚出锅的粽子）。此时的大粽，粽香芬芳，糯米香软，绿豆清甜，粽心肉肥嫩软烂，肉香扑鼻，是美味的年节美食。大粽常温下可保存半个月左右，食用时将其煮软熟即可食，也可切片煎香，其香味浓郁，十分爽口。咸粽子煎了之后，蘸白糖一起吃，也另有一番风味。

粉　利

粉利是原生态的米制品，用优质大米经石磨磨成浆，再蒸煮而成。广西沿海一带，人们一般会在春节期间食用粉利，以讨大吉大利之意，也有人说，粉利才是我们的年糕。

图 183　揉粉利

春节前后，正是山上栀子树结果的时节。人们用上好大米细磨成浆，加入栀子花，使米浆变成黄色，或加入花红粉使米浆变成粉色，把之搓成小圆柱状，上锅蒸至八成熟，取出晾干即成。

图 184　三色粉利

制作好的粉利，凉却后，一般要放入冷水中保存，以防止开裂。每天均需要更换新水，以防止粉利发酵变酸。换水时，不但要替换全部的水，还要冲洗掉粉利在浸泡过程中表面产生的黏滑物质，以延长保鲜时间。粉利的吃法多种多样：可直接蒸熟蘸酱油，或切成条状或片状，配上腊肉、芹菜或菜花、青蒜等烩炒装盘；也可将其切成块状加水和白糖煮糖水。其特点是色鲜味美、Q弹爽口。还有人把粉利切成丝，做成汤粉利，清爽可口。

鱼

年年有鱼意则“年年有余”。广西沿海一带的年夜饭必须准备一条鱼，而且不是鳜鱼、鲤鱼等河鱼，而是大鲈鱼、鱿鱼之类的海鱼，特别是鱿鱼与“有余”的读音更相近。

图 185　白灼鱿鱼筒

鸡

无鸡不成宴，白切鸡是广西沿海一带年夜饭饭桌上必备的一道菜。其做法是将阉鸡或项鸡（从未下过蛋的雌鸡）放入白水中用慢火煮到九成熟（其间要把鸡身拎出水面两到三次，让鸡肉的血水去掉，还要适时停火浸泡），到鸡骨头带血而不流时，就达到最佳火候，捞起、斩件切块上盘，蘸以葱姜豉油蘸汁食用。北海市一带的人们因为爱好沙蟹汁，大部分人选用沙蟹汁做白斩鸡的蘸汁，而京族地区的人们则采用鱼露作为蘸汁。

图 186　豉油鸡和白切鸡

滨海人家对豉油有一种喜爱，他们也爱做豉油鸡。烹饪的重点是在锅中放入整鸡和豉油，并加入葱姜等小火慢熬，让酱汁逐渐渗入鸡肉当中，等鸡肉达到九分熟的火候出锅。在调味方面，各家都有各家的拿手好戏，有的人加入冰糖，有的人加入红糖，有的人加入老抽，有的人加入生抽，虽然味道不同，但萦绕的都是浓浓的年味。

扣　肉

扣肉也是广西沿海一带年夜饭饭桌上必备的一道菜。特别是在物资匮乏的年代，一碗扣肉是年夜饭最重要的大菜。扣肉必须经过煮、炸、蒸、扣四道工序。

第一步，选取带皮五花肉一大块，在锅烧开水后，放进去煮至用筷子能插入肉皮，取出肉。用叉子在肉皮表面上扎小眼，扎得越密越好，以便使炸出来的猪肉皮变得蓬松，趁热在肉皮表面抹点老抽。第二步，在锅里放油，当烧到七八成热时，把整块肉的皮朝下放入锅中炸，直到把肉皮炸黄了才捞出沥干油。第三步，把整块肉以肉皮朝下放入冷水中浸泡，泡到肉的表皮软软发皱时，再取出沥干水分。第四步，把炸好的肉切成件，每件大约成0.8厘米厚，皮朝下，在碗

图 187　扣肉

里排好，放入配料。把碗放在锅里，蒸30分钟左右，待肉变软即可取出。最后，取一只碟子扣在碗上，倒转过来，肉皮朝上摆放，一碗让人垂涎欲滴的扣肉即显现在人们面前。

与其他地方的扣肉相比，广西沿海地区的扣肉有其特有的风味。如配料中一般会用上当地上等的梅干菜或大头菜（如灵山大头菜），北海市公馆镇的客家人所用的公馆扣肉还加入了鱿鱼、虾米等海鲜干品。

随着人们生活水平的提高，肉量供应的充足，当年让人梦萦魂牵的扣肉已进入寻常人家的日常生活，衍生出香芋扣肉、梅菜扣肉等荤素结合的做法。但无论什么做法，扣肉始终是滨海人们餐桌上的浓浓的年味。

腊　味

“秋风起，晒腊味。”每年的深秋，是最好的晒腊味时节。经过三个月晾晒的腊味，到春节时正是适合上餐桌的时候。腊鸭、腊肠、腊肉都是体现年味的美好食材。与广西北部地区的人们喜欢熏制的重口味腊制品不同，广西沿海一带的人们更喜欢腌制咸甜口味的腊味。他们利用风和阳光的魔力，让肉自然风干、晒干。其中，产自合浦的瑞丰和丰上丰腊肠、产自灵山的金银引、腊鸭等最受当地人欢迎。

图 188　腊肠

麻　通

麻通是广西沿海的一种特色小吃，主要原料为上等糯米、白糖、芝麻、茶油、饴糖等，因用芝麻包裹，内如通草而得名麻通。麻通具有轻、香、

图 189　小董麻通

甜、酥、脆俱全的特点，大而不重，甜而不腻，酥脆爽口，老少皆宜。现已成为春节期间的送礼佳品。以钦州市小董镇所产的麻通最为有名。

芝麻饼

芝麻饼是钦州人过年时的送礼佳品。芝麻饼以糯米、红薯和芝麻为主料。以糯米为饼皮，红薯作馅，压制成饼后以黑芝麻均匀覆盖饼身，再加热烘烤而成。具有馅厚皮薄，馅鲜细腻，入口即化，皮酥清脆，营养丰富，香酥脆味俱全的特色。现在不只有黑芝麻饼，也有白芝麻饼；不只有红薯馅，还有红糖馅，肉馅等多种选择。

图 190　黑白芝麻饼

印　饼

印饼是把糯米面粉、芝麻等揉制，用固定的模子烘烤而成，其味软糯香甜，是过年时常备的糕点。其做法是首先把糯米粉炒熟后备用（当地民间有把炒熟的米粉放在潮湿的房间内让其接地气的做法，其实就是让炒熟后的糯米粉变潮，以利于放入饼印中成形），同时准备熟芝麻、花生等馅料，然后把部分熟米粉放在饼印中，均匀布满饼印的底部及四周，放入馅料挤紧，再放入米粉压紧，随后把压好成形的米饼轻轻从饼印中敲出，即可。广西沿海一带较有名的是灵山印饼，它皮薄馅足，一般采用红糖芝麻或番薯蓉做馅料。

图 191　番薯馅印饼

春　卷

春卷中带着“春”字，是春天的食物。广西沿海人家在春节期间的餐桌上，也有春卷这道菜。中国大部分地方的春卷都是用薄面皮包住切碎的荤素混合的馅，放到油锅里面炸制而成。但北海、合浦这一带的春卷有不同的做法，这里盛行用猪网油来包裹春卷馅。人们将准备好的猪网油放在桌子上摊开，放入由马蹄和肉一起剁碎的馅料卷起，约成一指长短切断，再裹上一层薄面粉，捏实成为小圆柱，再放入油锅用油炸至香脆。用猪网油包春卷，更有助于馅料味道的发挥，其鲜香酥脆，而且蚀油少、耐存放。为了让春卷吃而不腻，人们还会用酸荞头做成酸甜蘸汁来佐食，这是最受孩子们欢迎的一道菜。

广西沿海还有一种从越南传过来的春卷。它与中国春卷最大的不同在于饼皮：它不是采用薄面皮，而是采用米浆制成的米皮来做外皮，馅料以虾肉、猪肉和当地蔬菜为主，在防城港、东兴一带是一道深受欢迎的年节食物。

图 192　猪网油春卷

图 193　越南春卷

酥　角

酥角是广西沿海人家喜欢自制的一道小点心。其造型和饺子很像，显元宝型的外状，象征招财进宝。其做法是先把面皮擀成圆形，放入芝麻、花生碎和白砂糖拌匀制成的馅料，对折包起捏紧后，把饺子边一层叠一层的卷成褶皱。随后再下油锅炸酥，放入密封罐子里，可以存放半个月以上。酥角酥脆香甜，是春节里最受孩子们欢迎的"消口"（零食）之一。

图 194　酥角

二、元宵节食俗

元宵是广西沿海地区的一个十分重要的日子，它意味着到了这一天，新年的活动结束，因此元宵也叫“散年”。人们在这一天有吃元宵（汤圆）、赏花灯、舞龙、舞狮子等习俗。

图 195　元宵食俗（潘科 / 画）

汤　圆

正月十五吃元宵，是在中国由来已久的习俗，元宵即“汤圆”（北方称元宵，南方称汤圆），其做法、成分、风味各异，但是意义基本相同：代表着团团圆圆、和和美美，日子越过越红火。到了元宵节，一定要一家人在一起吃汤圆。

图 196　姜糖水芝麻汤圆

广西沿海一带，人们喜欢吃的汤圆是芝麻白糖馅的，芝麻炒香，碾碎但还保持粗粒口感，拌上大颗粒的白砂糖。用大热的水和上糯米粉，分一个个小圆球，包入馅料。在锅里放入水，加入红糖姜丝，糖水烧开后放入汤圆煮熟，用口咬开汤团后，入口的是甜蜜浓香的芝麻流糖，这是滨海人家团圆的味道。

三、三月三食俗

广西沿海一带有着浓厚的骆越文化情怀，壮族“三月三”的习俗也在一些地区流传。

鸡屎藤籺

农历三月三吃鸡屎藤，是北海当地人的一种传统习俗。相传鸡屎藤具有祛风活血、止痛解毒、消食导滞、除湿

图 197　三月三食俗（潘科 / 画）

图 198　鸡屎藤粄

消肿的功效，能在夏季到来前辟邪和杀虫。为此，北海市无论城区或乡镇，当地人都在三月三那天吃上一碗鸡屎藤糖水或粄。鸡屎藤粄的做法：首先把鸡屎藤叶子剁碎后，掺入等量的大米搅匀，然后和水一点点放进打浆机里打碎，取出后做成粄。现存合浦民间的最古老、最传统的鸡屎藤粄的制作方法是把鸡屎藤、水君子和米粉，以1：1：2的比例拌和，加上几张三叉苦的叶子一起碾磨，成粉状后再加入些许面粉一起搓。这样做出的鸡屎藤粄味微甘、粗糙清香，十分可口。

除了三月三吃鸡屎藤粄，老北海人还讲究在农历三月初一当天，往门檐下挂上一把鸡屎藤和三叉苦，用根小木棍插着塞在木门缝里，用鸡屎藤的气味驱逐蚊虫，避免污浊之物进入家门，让屋里的人身体健康，无病无灾。

艾粄（艾叶糍粑）

图 199　艾粄

清明前后，是艾草生长茂盛且最为鲜嫩的时节，由于农历三月三与清明节靠近，艾粄成为广西沿海居民“三月三”必吃的美食。

艾粄的主料是艾草。人们趁初春时节采来野外的嫩艾草，洗干净后，加上少量的苏打或石灰水煮烂（也可直接用高压锅煮后，剁碎），经清水浸泡，去掉苦味（如不加小苏打或石灰水煮可不浸泡焯水），加入糯米粉和适量粘米粉做成面皮，包入已经炒熟的芝麻馅（或其他馅料），底部垫上菠萝蜜的叶子（防止它们粘锅），上蒸锅蒸熟即可。艾粄有咸馅和甜馅之分，咸馅一般有花生、萝卜干、虾米或绿豆，甜馅主要有芝麻糖或椰丝。艾粄口感柔软、爽滑，艾叶本身就有理气血、逐寒湿、温经、止血、安胎等保键功能。

四、清明食俗

清明节在24节气中是一个十分重要的节气。清明节最重要的活动就是祭祖扫墓，当地叫“拜山”。拜山祭品是清明食俗中最重要的部分。当地人一般都会将“三牲”，即猪、鸡和鹅作为祭品，有些会准备“五牲”，即猪、鸡、鹅、鱼和生菜，同时带上发糕、茶、酒、饭和水果、烧酒、香烛、纸钱等祭品。比较讲究的人家在处理鸡和鹅的时候，还要想办法让其腿伸直，颈朝后，头朝前，呈现跪拜的样式。珠三角很多地方都有用烧鹅祭祖的习俗。这里面有说法：烧猪、烧鹅、烧酒寓意红红火火；发糕有发财的意头等。

图 200　祭祖三牲

图 201　清明食俗（潘科 / 画）

烤金猪

烤金猪作为祭品，有“铜皮赤壮”的寓意，就是希望已去世的先祖能够护佑子孙们健康平安。不少家庭会买来整个金猪作为祭品，也有一些人家只买猪头作祭品，一般人家大多是准备一块长条状的五花肉（其寓意是有头有尾），加上鸡和生菜或鱼构成“三牲”作为祭品。

烤金猪一般选取重量在5—10斤左右一只的乳猪（广西当地首选巴马香猪），宰杀后，用配料腌入味，再放挂炉中以慢火烘烤而成光皮乳猪，其卖相光亮如琉璃。烤制金猪讲究火候和技术，最关键环节要抢火才能烤出金黄色，做出来的乳猪才会皮够脆，肉才会滑溜多汁。而烤出来的金猪颜色越显金红就越显富贵。在举行拜山祭祖活动结束后，人们往往把金猪分食了，让每一位家人都能享受富贵之光。人们用尖利的刀子切下一片片皮脆肉嫩的金猪肉，配上蘸酱入口，会感受到一股甜美滋味，不会有任何油腻之感。

发　糕

发糕取其“发”字，是广西沿海人家清明祭祖时必不可少的供品，人们希望祖先庇佑他们发财平安，在做发糕时非常诚心。广西沿海一带的发糕一般是米发糕，其中有加入白砂糖做成的白发糕，也有加入红糖做成的红糖发糕，还有一种特别的蜂窝式发糕，本地人叫“meng mi 糕”（意：蜻蜓糕）。其做法是先将米泡一个晚上（约12小时），之后把米磨成浆，加入酵母、苏打粉、黄糖，发酵数天后，装入容器里，最后蒸制而成。其口味甜中带酸，软中带韧，可以直接食用，也可切成小块放锅内用油煎了再吃。

图 202　蜻蜓糕

鹅

清明祭祖用鹅，是因为鹅有髻，取后继有人的意思。这个季节的鹅，因放养在池塘和江边，吃着春天的鱼和嫩草长大，肉质厚实且微甘甜。当地一般有白切鹅和烧鹅两种做法。人们认为，以一头完整的烧鹅供奉祖宗，寓意是好头好尾、完完全全。

图 203　祭祖烧鹅

烧鹅，古代称“鹅炙”，唐诗宋词有“下箸已怜鹅炙美”（韩翃）、“盘龙痴绝求鹅炙”（刘克庄）之句，古诗还有云：“鹅炙新鲜嫩又肥”（清嘉庆年间的魏标《湖墅杂诗》）。广西沿海的烧鹅是粤式烧鹅，它往往以整只鹅烧烤制成，有色泽光亮、皮香甜脆、肉滑骨酥、肥而不腻的特点。

五、四月八食俗

“四月八，水推垃圾粑”是广西北部湾地区流传的一句谚语。

传说农历四月八是药王生日，在这天，所有草药的药性都会增加，在这个时候采集草药会比平时采集的功效好。因此，人们多在当日采集金银花、水君子、艾草、鱼腥草、雷公根、五指毛桃、白花草

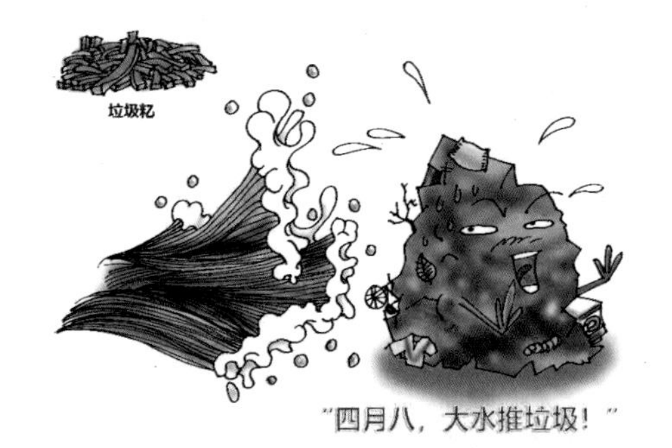

图 204　四月八食俗（潘科 / 画）

等新鲜植物的叶子打粉，和面粉混合在一起制成垃圾籺食用。

图 205　垃圾籺

当地人认为，刚度过了几个月的冬季，人体内积累了不少毒素，在天气热起来之前，如果能够及时排毒，就会少在夏天上火、生疮。因此，人们趁春季植物萌生时节，金银花、水君子、艾草、鱼腥草、雷公根、五指毛桃、白花草等还长得很鲜嫩时，摘取它们的叶子做成食品食用，以清心火，戒躁热。垃圾籺一般煮成糖水或制成粑粑，味道甘甜清香，韧而爽口。此外，四月八日当天，人们还会上山采回艾叶、乌柏、田基黄、葫芦茶、元宝草等草药煎汤来洗澡，据说可以洗去身上所积下来的细菌及疫病，使皮肤光洁，不生疥疮，保证身体健康。

图 206　垃圾节买草药的人们

六、五月节食俗

俗话说，“五月五，端午世。门插艾，香满堂。吃粽子，洒白糖。龙船下水喜洋洋。”广西沿海一带的端午节习俗与其他地方基本相似：民间划龙舟，以菖蒲、艾叶、大丹花插于大门左右以辟邪消灾。但吃粽子的习俗与其他地方有所不同：这里吃的是灰水粽子。

图 207　端午节食俗（潘科 / 画）

灰水粽是广西、广东、福建一带知名的地方小吃，在每年的端午节最盛行，因为灰水粽色泽金黄，晶莹透明，适合冷吃，在夏季可做清凉解渴的食品。灰水粽的做法是先把干净的豆枝（有的地方用稻草）晒干后烧成灰，置于插箕或簸箕里，搁在水桶或盆上；用清水反复淋豆枝灰，灰水流入水桶或盆里，用干净纱布滤去杂质；用灰水浸泡淘洗干净的糯米，使糯米染上淡淡的黄色，备用。接着，选取苇叶洗干净后，叠好成形，放入泡好的糯米，包成四角小粽，用细绳扎紧。粽子煮熟后，剥开则有苇叶的清香，黄澄澄、半透明的粽子显得饱满，圆润。人们一般会用粽绳把粽子绞成一小段一小段的装入盘子内，在上面浇上蜂蜜或者蘸上白糖，入口感觉有弹性，清甜又带有一丝苦味。粽子一次最好不要吃太多，因为不好消化。

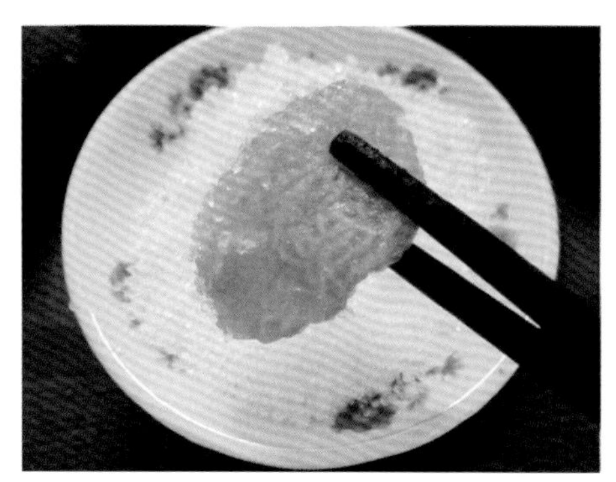

图 208　灰水粽

七、夏至食俗

夏至日要吃狗肉和荔枝，据说是岭南人以借名想吃的“专利”。广东西部沿海地区和广西玉林、钦州、防城、北海一带的居民对夏至狗肉和荔枝情有独钟。传说，夏至日的狗肉和荔枝合在一起吃不上火，民间有“冬至鱼生夏至狗”之说，夏至吃狗肉和荔枝的习俗不知从何时开始延续到了今天。

图 209　夏至食俗（潘科 / 画）

图 210　红焖狗肉

狗肉具有温补脾胃、补肾助阳、壮力气、补血脉的功效，一年四季都可以食用，但进入夏天后，人们就很少食用了。而每年的6月21日夏至这一天，吃狗肉的意义就不同凡响。俗语有“吃了夏至狗，西风绕道走”，意则是在夏至日这天，人们如果吃了狗肉，身体就能抵抗西风恶雨的入侵，少感冒，身体好。基于这一良好愿望，“夏至狗肉”的民间饮食习俗因而产生。

夏至前后，正是岭南荔枝大量上市的季节，因此，也成为与夏至狗肉同食的水果，为它们两者的搭配提供了条件。但“一个荔枝三把火”，荔枝是高糖热带水果，不宜大量食用，否则会引起低血糖症等不良反应。狗肉与荔枝搭配食用，是高热量和高糖食物的组合，对身体起到何种好处，至今没有任何研究成果。相反如果食用过多，可能会引起消化不良等症。即便是平时食用红焖狗肉，人们也会配上用酸荞头、紫苏、大叶芫茜、辣椒等香料做的酸甜蘸料，以除膻解腻。

八、哈节食俗

京族是中国唯一临海居住的海洋民族，也是广西特有的世居少数民族之一，哈节是京族最热闹的传统歌节，又称“唱哈节”。2006年，“哈节”被列入全国第一批非物质文化遗产名录；2009年4月，东兴市被国家文化部命名为“中国民间文化艺术之乡”。

图 211　哈节习俗（潘科 / 画）

在防城港市东兴市的澫尾村，每年的六月初十前后，京族人通宵达旦，歌舞不息，持续7天。哈节活动过程包括迎神、祭神、乡饮、送神四个环节，

图 212　京族哈节上的独弦琴演奏

举行迎神仪式、万人餐、京族独弦琴演奏、踩高跷、顶杠、文艺晚会、山歌会、祭神、乡饮等民俗文化活动。

在每年农历六月初十的当天，当大型的迎神祭神仪式结束后，人们开始入席饮宴与听哈，称为“坐蒙”（又称哈宴）。酒肴除少数由“哈头”供应外，大部分由各家自备，每餐由入席人轮流出菜，且边吃边听“哈妹”唱歌。哈节的食俗在乡饮这个环节最能体现出来，蕴含着京族人丰富的饮食文化特征，是哈节期间京族人民的宴客餐。乡饮主食有京族炒粉、玉米粥、番薯粥、京族米酒，还有各种饮料。每桌固定有九道菜：沙虫冬瓜汤、瘦肉腐竹、春风正卷、酸甜排骨、飞鱿戏海、沙虫腰果、追水工兵、五花香扣、金鸡报晓，体现了京族地区传统饮食特点和海洋民族特征，同时也融合了现代的餐饮元素，丰富了京族的餐饮文化。

图 213　哈节万人餐

九、七月十四食俗

七月十四俗称“鬼节”，当天，广西沿海一带家家户户杀鸭祭祖，人们早早吃完晚饭后便不再出门，名为“躲鬼”。

图 214　七月十四食俗（潘科 / 画）

图 215　白切海鸭

为什么在七月十四有宰鸭吃鸭的习俗呢？民间流传有两种说法，一说是当年老祖宗想在七月十四那天回家探亲，当过黄泉时，作为鬼不能从奈何桥上走。而由于没有船又过不了黄泉，老祖宗回不了家过节，便让子孙把鸭子送下去，让鸭子游泳载老祖宗回来探亲。另一种说法则是在鬼节吃鸭子才能驱魔辟邪。由于广西沿海一带在每年的七月十四前后正是早稻收割的时节，有大批的早禾鸭上市，这大概应是民间选择在这天宰鸭祭祖的最合适理由吧！

十、岭头节食俗

岭头节是钦州、灵山、浦北一带民间传统节庆习俗，又称“跳岭头”，其寓意为秋季庆丰收，以示风调雨顺、五谷丰登、六畜兴旺，同时祈求来年好顺景，也是亲朋好友相聚联络感情，交流信息的大好日子，其热闹程度仅次于春节，因其活动多在村边岭上举行而得名。

图 216　岭头节食俗（潘科 / 画）

俗话有“岭头大过年”的说法，每逢过岭头节，家家户户宰鸭设筵，祭祖敬神，杀猪宰牛，大摆筵席招待亲朋好友，谁家摆得多来客多，就寓意来年风调雨顺，丁财兴旺。而客人们往往带上水果月饼等礼物，不请自来，把酒言欢。酒醉饭饱后相邀去看“跳岭头”表演。由于相邻各村的岭头节排期不一，在浦北、灵山一带，每年从农历八月初二起至十月二十日长达两个余月的时间里，都在举办岭头节活动。

图 217　牛杂美食

在岭头节那天，主人要杀鸡宰鸭，做好大鱼大肉，准备一大桌美

图 218　岭头糭

味佳肴招待远道而来的亲朋好友，甚至有些人还合股杀牛宰羊，除了用肉做菜，还取牛血或羊血打成糕状，切成小块，配以牛杂羊杂、黄花菜、塘蒿、花生、米粉、胡椒等煮成牛红生或羊红生，作为招待客人的特色美食。还有一种特殊小吃是用饭豆煮熟捣烂，加葱蒜芝麻糖等佐料拌和成馅，再用糯米粉做皮捏成饺子状，用冬叶、竹叶或芭蕉叶两只一串包成串蒸熟，名曰“岭头糭”，古代叫“糯果”，这是岭头节必备的用来待客和回馈亲友的点心。

十一、八月十五食俗

八月十五是中秋节。中秋节是远古天象崇拜——敬月习俗的遗痕。相传在中国古代，帝王有春天祭日、秋天祭月的礼制。在民间，每逢八月中秋，也有拜月或祭月的风俗。月饼最初是用来祭奉月神的祭品，后来，人们逐渐把中秋赏月与品尝月饼结合在一起，作为家人团圆的象征，月饼成了节日礼品。

图 219　八月十五食俗（潘科 / 画）

图 220　北部湾地区流行的月饼

广西北部湾地区的特色月饼有黑芝麻蓉月饼、冬瓜蓉月饼和五仁月饼。当地特别流行超大型的五仁月饼，有1斤一个、2斤一个、5斤一个、10斤一个，甚至20斤一个的五仁大月饼。最有名的是合浦县和浦北县所产的五仁大月饼。合浦县现有国家特色小镇——月饼小镇。

十二、冬至食俗

每年的公历12月21日至23日之间，是农历的最后一个节气——冬至日。冬至又称为冬节、交岁，广西沿海一带的人们有“冬至大过年”的说法（据说，客家人家的冬至节最隆重，但壮族人家在“三月三”最隆重，冬至节一般没有一家人祭祖聚餐的习惯），在这一天，人们有做糯米汤圆、包冬粽和杀鸡鸭供奉祖先的习俗。

图 221　冬至食俗（潘科 / 画）

当地在冬至日有“食冬”的习俗。“食冬”非常隆重，无论城市或乡村，在那一天，各个“小家庭”都会汇集成“大家庭”，与父母、乡亲一起“过冬”。中午时分，祭祖的鞭炮声开始陆续响起，各家的祭品也开始呈上祖祠。当晚，家家户户都备办盛筵，菜肴众多，有“十大碗”，甚至“十二大碗”。鸡、鸭、鱼是主角，干鱿鱼、扣肉、猪脚也不能少。防城港市部分地区还有吃鱼生的习惯。

图 222　冬至祭祖

在钦州市有“冬朝年夜”的说法，即除夕夜在傍晚聚餐，即吃年夜饭，而冬至节则宜在中午聚餐，因为冬至当日夜长日短、天气冷，早早吃完饭，方便客人回家。人们热衷于“食冬”，是因为冬天有较多的闲暇时间，加上丰收后的喜悦心情，大家坐下来聚一聚，向祖先汇报一年的收获。可以说，年夜饭是一家人的聚餐，而冬至则可能是一村人、一族人的聚餐。久而久之，冬至节就“大”起来，以至有“大过年”的说法了。

第三部分 北部湾食之趣

在广西北部湾地区独特的饮食文化背后，有着不少有趣的故事，如苏东坡与扣肉、齐白石与对虾、刘义（刘永福）打番鬼等，经一代又一代的人们口耳相传，流传下来。同时，现代美食故事不断诞生，防城港酸粥、黄屋屯炒粉等，各种奇特菜色和菜名的出现反映了人们对食物的创新和创造，隐藏着诸多的生活智慧。

第一章　名人食趣

一、苏东坡与公馆扣肉

北宋元符三年（1100年）五月，朝廷诏令被贬到儋州（今海南儋县）的苏东坡北归回朝，在从海南渡海北上时，东坡路过廉州（今广西合浦）公馆时，又累又饿，便留宿吃饭。当地百姓闻讯而来，杀猪杀鱼热情接待，海鲜更是少不了。身为大文豪和美食家的苏轼很是感动，一时兴起，忘却了旅途的烦恼和劳累，亲自下厨，拿出独门绝技，教大家做起东坡肉。果不其然，苏东坡亲手做的东坡肉味道太好了。由于做的量有点多，第二天，厨师把剩下的东坡肉连同虾仁、沙虫、蟹肉等混在一起重新蒸煮，散发出了异常的美味。后来，经不断改良加工，便形成了独具特色的公馆扣肉。

图223　苏东坡与公馆扣肉（潘科/画）

二、孙中山与中山薯叶

潺菜，又名木耳菜、帝王苗。木耳菜以幼苗、嫩梢或嫩叶供食，质地柔嫩软滑，营养价值高。可作汤菜、爆炒、烫食、凉拌等，其味清香，咀嚼时如吃木耳一般清脆爽口，故又名木耳菜。潺菜在南北方普遍栽培，在南方热带地区可多年生栽培。

但在钦州、防城、合浦等地，潺菜又叫中山薯叶，与这里曾流传的一个故事有关：1907年12月2日，孙中山亲临广西凭祥镇南关领导镇南关起义，由于舟车劳累，肠胃不适，出现便秘，当时义军缺医少药，一时没有办法解决。有一天，孙中山视察阵地，发现炮台周围生长很多潺菜，他早年在香港西医书院读书，对中医也有所了解，知道这种菜口感爽甜、软滑，含大量纤维素、铁质和纤维质，具清热祛湿、通肠利便之功效，还能预防湿热痢泻。情急之下，他让厨师采摘菜叶煮汤和炒食。当中山先生吃过了两顿潺菜后，便秘症状就消失了。厨师受到启发，便把潺菜当作日常蔬菜煮给起义将士食用。当战士们好奇地询问该菜的名称时，厨师灵机一动，便说是中山薯叶。这样，“中山薯叶”的叫法便一直流传下来。

三、冯敏昌诗中的鲈鱼和蚬仔

离钦州市康熙岭镇不远处有一个叫长墩岛的地方，岛上森林茂密，古木参天，长年鸟语花香，飞禽走兽出没。古语说：“靠山吃山，靠水吃水。”由于这里是船只沿着茅岭江进入内河的水陆货运的集散地，来往的客商很多，政府早在明朝时便在此地设立了征收盐税、渔税和其他各种交易税的机构，曾经客栈酒肆林立街边，呈现“一业兴，百业旺”的局面。

由于长墩岛附近江宽水深，也是咸淡水交汇处，所以肉质鲜嫩味美的茅岭江大鲈鱼就产在这里，另外此地也是河蚬生长的天然场所。清朝时号称“岭南三子”钦州籍诗人冯敏昌有诗为证：“鲈蚬美味香千里，肥壮牛羊处处现。”从诗歌的描写中，可看出岛上当时的盛况，而其中提到的“鲈

图224　冯敏昌诗中的鲈鱼和蚬仔（潘科/画）

蚬”的美味，更是道出了当地特有的美食。长墩岛的蚬仔肉质丰满，它生长在咸淡水的环境，蚬肉中没有出现一般内河出产的蚬肉所带的泥腥味，其蚬肉不但味道鲜美，而且含有丰富的蛋白质和微量元素锌。当地有“想长寿，吃蚬肉”的俗语。

与鲈鱼早就登上了大雅之堂相比，蚬仔才露出头角，常见的“蚬仔炒蛋”“蚬仔焖葱头”“蚬仔冬瓜汤”“蚬仔粥”等出现在一些酒店的菜谱上，为越来越多的人们所青睐。

四、刘永福与“得胜菜”

萝卜干煲腩肉是寻常人家的家常菜，但对刘永福的子孙后代来说，这是一款“得胜菜”。那是1883年5月19日，在河内城西纸桥伏击战中，为了引诱驻守河内的法军出战，刘永福率领“黑旗军”将士在纸桥周围埋伏了三天三夜，将士们又累又饿，越南民众见状，忙杀猪慰劳“黑旗军”。当猪肉煮熟的时候，厨师才发现没有盐巴，便把黑旗军士兵随身带来的萝卜干集中起来，丢进锅中，一锅锅香喷喷的萝卜干炖猪肉就成了。黑旗军将士吃了这道菜后，精神大震，士气高昂。这时，法军终于出城了，当他们进入伏击圈的时候，天突降大雨，黑旗军趁着雨势杀向法军，法军措手不及，加上雨天火药枪失去作用，被手持大刀长矛的黑旗军杀得屁滚尿流，落荒而逃。此战击毙法军司令李维业及法军士兵两百多人。战后，刘永福高兴地把萝卜干炖猪肉称为“得胜菜”。

图 225　刘永福的“得胜菜”（潘科 / 画）

“得胜菜”不难做，取五花肉一斤切成方块，将蒜米八粒、八角一瓣、香菇一朵放入热油中爆出香味。把五花肉和萝卜干等材料放入砂锅中，大火烧开后，用文火慢炖一个小时，起锅时再加入少许生蒜、芹菜，调味即可食用。此时的萝卜干吸足了肉的鲜味，而五花肉也渗入了萝卜干的香气，两者互为补充。萝卜干清香爽口，五花肉入口即化，肥而不腻。

五、齐白石画虾吃虾

“为口不辞劳跋涉，愿风吹我到钦州。”齐白石三次出游钦州，因荔枝和对虾这两样美食，对钦州的印象尤为深刻。齐白石喜欢吃虾，更喜欢画虾。他画的虾体现了高度的笔墨技巧，在表现水墨、宣纸的独物性能外，又将虾之质感表现得淋漓尽致，使之成为齐白石笔下最写实的对象之一。

图 226　齐白石与白灼对虾（潘科 / 画）

当时，被齐白石认作五弟的郭葆生在钦州任管军库的后补道（军队的后勤官员），他邀请齐白石到钦州来小住。钦州是粤菜区，吃虾时讲究原汁原味。齐白石平时喜欢吃琵琶虾和红焖大虾。但郭葆生平时喜欢吃白灼对虾，经常让夫人用钦州最简单的烹饪手法制作白灼虾。钦州白灼海虾的独特风味让齐白石一吃就上瘾。齐白石一生五次出游，三次到钦州，对钦州的风物喜爱有加，对他画虾产生了很大的影响。

第二章　地方美食故事

一、炭烧太子鸭的故事

“炭烧太子鸭”最初有这样一个传说：有一位王子生性喜欢游玩，整天沉浸在吃喝玩乐之中。他有一个嗜好就是品尝民间的美食。一日，微服出游的王子来到一处偏僻的小镇，看到这里山峦叠嶂，水网密布，河里有游动的鱼虾，岸上有成群的鸡鸭。游玩一天的王子饥肠辘辘，随同的管家急忙找了一家酒庄，叫店家火速准备一桌酒菜，并指定要有当地的特色菜肴。这就为难店家了，这是一处偏僻的地方，能做出什么好吃的东西呢。何况这还是一位王子，店家不敢造次。幸好，酒庄的一位厨师比较镇定，叫店家老板取来一些碎银塞给管家，从他的嘴里套出了王子的嗜好。厨师随后有了主意，先用一些食物安定王子，然后派人抓来几只本地麻鸭，处理好之后，加入香料，用炭火慢慢烘烤，期间不断翻着鸭身，直至整只鸭子色泽红艳，油润光亮。不一会，烧鸭的香味飘到包厢，王子闻到香味，他顺着香气来到了厨房。碰巧厨师把鸭子烤好，王子迫不及待地撕下一只鸭腿，不顾烤鸭还热得烫手，狠狠咬了一口，顿觉皮脆肉嫩，鲜甜味醇。他一边津津有味吃着烧鸭，一边打听这是什么鸭。厨师灵机一动，说是“太子鸭”。王子一高兴，拿来银子赏了店家，还把店家的厨师带走了。

图 227　炭烧太子鸭（潘科 / 画）

“炭烧太子鸭”所用的活鸭是“百里挑一”，一定要至少养了百天的鸭子，这样的鸭子脂肪少，肉也结实。选用的燃料是耐火的荔枝炭。用荔枝炭烤鸭受热匀称，烤出来的鸭子效果比用一般炭烤的要好得多。烤好的太子鸭皮紧肉厚，汤汁很足，增加了外焦内嫩的口感。

“炭烧太子鸭”曾在钦州市新阳路出售，是一位姓苏的退伍军人开设的店，已坚守了十年之久。

二、张姑娘牛巴的故事

灵山武利“张姑娘牛巴”的前身是“张良记”，它采用独家秘方，选用优质牛肉，经传统工艺制作出来的风味牛巴已有“百年老店”的声誉，因风味独特，口感鲜香远近闻名。

图 228　张姑娘牛巴（潘科 / 画）

张姑娘真名叫张福辉，现已是年近九十高龄的老人，但鹤发童颜，神采奕奕。她是“张良记”第五代传人，年轻时开始帮烧腊店打理生意。本来“张良记”制作牛巴的秘方传男不传女，但她从小天资聪慧，对制作牛巴很有悟性，成了“张良记”烧腊店的好帮手，人们亲切叫她“张姑娘”。久而久之，张姑娘和“张良记”烧腊味一样有名，再后来，“张姑娘牛巴”替代了“张良记”。

中华人民共和国成立后，“张姑娘牛巴”几经波折，“张良记”烧腊店曾被迫关门。但逢年过节，张姑娘还是想方设法找来牛肉偷偷制作牛巴，馈赠给亲朋好友品尝。“张良记”烧腊店的牛巴一直没有淡出人们的视野。

到了20世纪80年代中期，已过五旬的张姑娘为了不让祖传的烧腊秘方失传，决定重起炉灶，当上了“张良记”烧腊的掌门人，继续把祖辈创出的“百年老字号”烧腊味传承下去。她大胆在祖传秘方的基础上进行改进，制作工艺精益求精，经过反复摸索，制作出的丁香牛巴更令人称绝，常常供不应求。“张姑娘牛巴”目前已成为当地的知名品牌。

三、“土匪鸡”的故事

说起“土匪鸡”，餐饮界有不同的版本，最有名的是“湘西土匪鸡”，油重色浓，多以辣椒、熏腊为原料，口味注重鲜香、酸辣、软嫩。而钦州品绿山庄的“土匪鸡”却为另一个版本。

1950年冬，解放军到广西十万大山剿匪，有一天中午，当地一位姓沈的游击队员向导，带领解放军小分队直捣匪首的老巢，当时土匪头子正准备吃饭，桌上摆着几只色泽金黄、香气四溢的烤鸡，他们还没来得及吃饭便做了俘虏。饥肠辘辘的土匪头子眼看到嘴的鸡飞了，就央求解放军战士让他吃一只鸡才走，解放军战士好奇地问土匪的伙夫这是什么鸡，旁边的沈向导便随口说："土匪鸡"。

战斗结束后，部队首长以伙夫是当地人，为人忠厚老实，有着一手好厨艺为由，便留他在剿匪部队做厨师。沈向导经常和他接触，对"土匪鸡"很着迷，暗地里向他要到了"土匪鸡"的秘方。

图 229 土匪鸡（潘科 / 画）

"土匪鸡"的制作方法：选用一只两斤左右的项鸡（没下蛋的小母鸡），宰杀后用事先调好的味料进行腌制，鸡肚子里放了一些秘制的调料并用针缝好，然后用炭火烤至浑身金黄，油光发亮。这样做出来的"土匪鸡"皮脆肉滑，鸡味浓郁。

品尝"土匪鸡"的方法有两种：一种是由服务员当着食客的面，用剪刀把鸡剪成几大块，再按鸡的形状摆好，然后淋上鸡腔流出来的汤汁。这样，美味的"土匪鸡"就成了。另一种是戴上一次性塑料手套，用双手撕开鸡肉，大快朵颐，满嘴流油，让你吃出一种"豪气"。

四、酸粥的故事

在广西上思、扶绥、崇左等地，在餐桌上经常可见一道有特色的小吃——酸粥。相传有这样一段故事。

地处十万大山的上思，有一个小村，村里有一个厨艺很好的村姑被财主招到家里负责一日三餐。有一天，财主过生日大宴宾客，散席后饭菜剩下很多，特别是那白花花的大米饭扔了实在可惜。村姑偷偷把一些米饭放到一个装酒的空瓦罐里，想找机会带回家给孩子们食用。谁知她在收拾碗筷时，瓦罐被一个长工搬进了库房。过了半个多月，管家在库房里大发雷霆，原来，他发现有一个装酒的瓦罐里发出一股酸馊的气味，还长满了霉，冒出很多蠕动的蛆，看着令人作呕。村姑闻讯赶过来一看，原来这只瓦罐正是那天自己用来装剩饭的。管家没有再追究这事，只是让村姑赶紧拿上瓦罐把里面的东西倒掉。

村姑拿起瓦罐，准备把已经发酸的米饭倒到村边的小河里，但又舍不得浪费，就用一张新鲜的荷叶把米饭包起来藏好，在收工后带回家。回家后，她把米饭中的蛆捡出来，把饭放到锅里加水煮开，却发现酸粥的味道很不错，全家老幼吃了很开心。有了这个发现后，村姑一有机会就把财主家的剩饭收集起来，如法炮制。她的举动被财主发现了，财主非常生气，问村姑为什么这样做。村姑把情况向财主如实讲了。财主将信将疑，让村姑做了一碗酸粥来品尝，没想到酸粥那特有的味道却很对财主的胃口，财主不再责怪村姑，还要求村姑用优质大米去制作酸粥，让他们一家人享用。此后，每当家中有宴席时，财主就把酸粥当作一道家常美味拿出来给客人品尝。一开始，客人看到色泽微黄还发出阵阵酸气的米糊，迟迟不敢动口。财主却笑着用汤匙舀起酸粥，津津有味地吃起来，从而打消了客人顾虑，客人品尝后，赞不绝口。

图 230　上思酸粥（潘科 / 画）

村姑的无意发现成就了一道大众美食。由于酸粥的制作方法很简单，很快就传开出去了。

五、黄屋屯炒粉的故事

黄屋屯炒粉，因其米粉纯正，配料充足，油多却滑而不腻，受到人们的喜爱。但是黄屋屯炒粉在钦州的名气，并非源自其炒粉炒得好，而是因为一段男女相亲的故事："黄屋屯炒粉——一碗搞掂"。这故事在钦州城区一带家喻户晓，老少皆知。

20世纪70、80年代，如中国大多数农村一样，黄屋屯镇一带的人家家庭都很穷，男青年要找对象结婚，一般由媒人牵线搭桥，经由媒人的多方奔走游说后，若女方答应与男方见面，往往在媒人的撮合下，择定一个吉日，大家到镇上去相亲。

双方第一次见面后，相互交谈、试探，如果对上眼了，男方往往会主动邀请女方到炒粉店吃上一碟炒米粉。这是一碟只放猪油和酱油调味，而不加肉的米粉（当时买肉要凭肉票），在物质匮乏的年代，这一碗炒粉对于农村青年人来说，就属于高档美食。此时，若女方答应与男方一起去吃炒粉，就意味着女方同意与男方继续交往，一桩婚事基本可以定下来了。这就是“黄屋屯炒粉——一碗搞掂”的故事由来。（当然，黄屋屯炒粉还有其他版本的故事，都与相亲有关。）

随着时代的发展，物质生活条件的改善，给农村青年自由恋爱创造了更好的条件。黄屋屯镇离钦州城区也只有十多千米，年轻人谈恋爱约会，到市里逛街、看电影、去KTV唱歌都是常态……但黄屋屯炒粉成就美好姻缘的故事，一直在钦州流传，成为人们对那段岁月的美好回忆。黄屋屯炒粉也就成为谈恋爱的代名词。甚至有一些知晓这个故事的年轻人特地跑到黄屋屯镇上去感受吃炒粉的浪漫情怀。

第三章　宴席菜名食趣

菜肴的命名是中国饮食文化的重要组成部分。中国饮食文化源远流长，有其特有的艺术魅力和文化内涵。在广西北部湾地区，有不少商家围绕宴席主题做文章，如婚宴的“情”字、“喜”字，升学的“题名”，寿宴的“寿”字等。

一、婚宴

广西沿海一带的婚宴菜品数量一般都是双数，材料至少有鸡、猪、鱼；在味道上有咸味、酸味（寓意有孙）和甜味的菜品。菜名都有恭祝成双成对或早生贵子的吉祥话。

（一）龙凤和鸣宴

龙凤和鸣——龙凤拼盘

喜庆满堂——迎宾八彩蝶

鸿运当头——大红乳猪拼盘

浓情蜜意——鱼香焗龙虾

金枝玉叶——彩椒炒花枝仁

大展宏图——雪蛤烩鱼翅

金玉满船——蚝皇扒鲍贝

年年有余——豉油胆蒸老虎斑

喜气洋洋——大漠风沙鸡

花好月圆——花菇扒时蔬

幸福美满——粤式香炒饭

永结连理——美点双辉

百年好合——莲子百合红豆沙

万紫千红——时令生果盘

早生贵子——枣圆仁子羹
如意吉祥——芦蒿香干
（二）永结同心宴
红抱喜临门——国宾大拼盘
凤凰展彩堂——蒜蓉蒸扇贝
金球辉影照——酱皇龙凤球
丽影瑶池舞——鲍参烩鱼翅
情深双高飞——一品烩鲍片
龙鱼永得水——清蒸石斑鱼
心心相互印——避风塘排骨
银燕抱福来——鱼唇炖三宝
喜鹊报佳音——珊瑚扒双蔬
永结喜同心——生炒糯米饭
百年偕好合——莲子红豆沙
良辰添美景——季节鲜水果
（三）百年好合宴
皇城红袍添喜庆——乳猪大拼盘

图 231　广西沿海一带的乡宴现场

鸳鸯翡翠金腰带——蒜蓉蒸龙虾
锦绣百花如意球——杏鲍菇带贝
龙凤振翅冲天飞——原盅鸡炖翅
瑶池玉女网上鲍——珊瑚百花鲍
碧波游龙情意长——古法蒸石斑
星光金砂满华堂——蘑菇嫩羊排
十全美德如意盅——花胶炖北菇
喜获天赐玉麒麟——鲜百合芦笋
百年美眷庆好合——干贝芋头糕
佳偶永结齐同心——咖喱豆沙酥
瑞果呈祥合家欢——季节鲜水果

（四）良辰美景宴

皇城红袍添喜庆——和风大拼盘
鸳鸯翡翠金腰带——蒜蓉蒸龙虾
喜获天赐玉麒麟——XO酱炒象拔蚌
龙凤振翅冲天飞——鱼翅佛跳墙
瑶池玉女网上鲍——花胶扣北菇

图 232　广西沿海乡宴现场——白切鸭

碧波游龙情意长——清蒸七星斑
星光金砂满华堂——烧汁羊小排
十全美德如意盅——鲍鱼炖乌鸡
锦绣百花如意球——杏鲍菇芦笋
百年美眷庆好合——唐墨子御饭
佳偶永结齐同心——菊花枣泥酥
瑞果呈祥合家欢——季节鲜水果

（五）幸福美满宴

双彩迎宾——餐前精美小食
浓情蜜意——补品炖鸡汤
前程似锦——潮式卤水拼盘
金凤报喜——白切本地鸡
良朋欢聚——白灼明虾
生生相伴——西芹百合炒淮山
黄金万两——沙律海鲜卷
花开富贵——酸菜炒鲜鱿
金玉满堂——香芋扣肉
横财就手——酸甜猪脚
年年有余——清蒸海鲈鱼
春色满园——上汤浸时蔬
金银满盘——鸳鸯馒头
丰盛硕果——岭南佳果

（六）天长地久宴

双仙齐贺——餐前精美小食
水陆亨通——草鱼炖老鸡汤
金鹊报喜——秘制蚝情鸽
丹凤朝阳——白切线鸡
良朋欢聚——白灼明虾
丁财两旺——雀巢喜添丁
花开富贵——酸菜炒鱿鱼
生生相伴——炸鲜沙虫拼腰果
一团和气——五香扣圆蹄
喜气洋洋——招牌山羊扣
包罗万象——金银蒜蒸鲜鲍鱼

图 233　广西沿海乡宴现场——清蒸海鲈鱼

图 234　广西沿海乡宴现场——白灼海虾

年年有余——清蒸石斑鱼
春色满园——上汤浸时蔬
鸳鸯美点——美点双辉
丰盛硕果——岭南佳果

二、寿宴

松鹤延年——冷菜主盘
四海同庆——海鲜镶盘
吉祥如意——酥炸欢喜
富贵安康——素烩全家福
万事如意——天府上素
寿比南山——蟠桃寿包
金鸡贺寿——脆皮烧鸡
福寿双全——香菜粉蒸土豆排骨
福如东海——清蒸东星斑
洪福齐天——蟹黄油烧豆腐
长寿富贵——金蟹菜卷
万寿延年——梅菜大虾
鸿运年年——榄菜肉碎四季豆
儿孙满堂——素鲍扒梅花掌
罗汉大会——素烩全家福
彭祖献寿——茯苓鸡羹
春色满园——北菇扒芥胆
佛手摩顶——佛手香酥
福寿锦长——长寿面
福星高照——锦锈大拼盘

三、乔迁宴

招财进宝——葱油鲜鲍鱼
吉星高照——白灼基围虾
鸿运当头——剁椒鱼头
吉庆满堂——富临排骨
飞黄腾达——豉油贵妃鸡
富贵盈门——富临烤鸭

喜气洋洋——沙茶羊肉
玉龙呈祥——马家沟芹菜拌虾干
青春永驻 ——时蔬沾酱
前程似锦——素炒什锦
阖家欢乐——巧拌扇贝
连年有余——五香熏鱼
吉祥富贵——蛋黄鸭卷
大吉大利——蒜茸田七
甜甜蜜蜜——蜜汁小枣
八方来财——橙汁藕
大富大贵——小葱豆腐

四、升学宴

金榜题名六朝拜——精美六彩碟
锦绣前程百花艳——家乡卤水拼

图 235　广西沿海乡宴现场——上菜

寒窗苦读十年书——豆豉肉片炒苦瓜
独占鳌头喜气扬——清蒸鲈鱼
秋天一鹄先生骨——排骨鸡子火锅
春水群鸥野老心——花果槟榔鸭
万壑烟云留槛外——云豆牛腩煲
半天风竹拂窗来——五花肉烧筒笋
喜看三春花千树——韭花鱿鱼鳝丝
笑饮丰年酒一杯——红枣米酒羹
状元及第国栋梁——土豆烧甲鱼
鸿运当头满福园——白灼基围虾
春风得意马蹄疾——马蹄扣蹄膀
一日看尽长安花——黄花木耳鱼糕
争芳斗艳霞光照——剁椒娃娃菜
财源滚滚硕果累——香芋红薯丸

五、感恩谢师宴

身通六艺孔夫子——美味六凉碟

图 236　广西沿海乡宴现场——十二道菜

桃李天下育英才——樱桃才鱼片
一丝不苟为人师——青椒鳝丝
百花争艳锦绣图——五彩大拼盘
舞台方寸悬明镜——荆州鱼糕
优孟衣冠启发人——金盏红薯丸
春蚕到死丝方尽——白灼银牙基围虾
蜡烛成灰泪始干——圣女果烧牛腩
知恩图报鸦反哺——鹌鹑蛋烧甲鱼
红豆此物最相思——红豆肉片粉丝汤
小桃无主自开花——蒜泥西兰花
烟草茫茫带晚鸦——芳草槟榔鸭
珍珠绿蚁新醉酒——汤圆米酒羹
落雁红泥小火炉——公鸡火锅
敬献恩师状元饼——豆沙状元饼
寸草报得三春晖——三色果拼

六、大展宏图宴

双仙齐贺——餐前精美小食
水陆亨通——草龟炖老鸡汤
鸿运当头——鸿运乳猪拼盘
丹凤朝阳——白切安铺靓鸡
良朋欢聚——美极焗大虾
生生相伴——清香沙虫拼腰果
花开富贵——碧绿花枝片
喜迎添丁——雀巢喜添丁
喜气洋洋——招牌山羊扣
包罗万有——秘制鲜鲍鱼
一团和气——五香大圆蹄
年年有余——清蒸石斑鱼
春色满园——上汤浸时蔬
永结同心——美点双辉
丰盛硕果——岭南佳果

图 237　广西沿海乡宴现场——厨师用餐

第四部分

北部湾食之谱

一方水土成就一方美味。广西北部湾浓浓的山海味道，无处不彰显着地方饮食文化的独特性。广西沿海的钦州市、北海市和防城港市三市虽然长期处于一个统一的行政区划管辖下，有着广府美食的基因，但也多少因地域、人群的差异，出现一批有着不同地域特色的美食。

第一章　区域美食

走在广西沿海三市的大街小巷，无论是寻常百姓家的餐桌、街头巷尾的小吃店，还是豪华酒店的包间，人们在品尝各种美味的同时，总少不了要上一份主食和甜品，如粥、饭、米粉、粑、糖水、凉茶等。在这里，人们往往把这些最平常的主食和甜品做出丰富的味道。

爱喝的粥

靠海的人们爱喝粥。当地早餐店大都会提供清简粥（白米粥），价格为3—5元一碗，咸菜随便取。咸菜品种多种多样，有芋蒙、酸豆角、黄瓜皮、酸菜、榨菜、萝卜干等。大多数早餐店还有香煎海鸭蛋或者咸海鸭蛋，甚至煎咸鱼供应，这就是一顿常见的富有北部湾特色的早餐了。

图 238　早餐清简粥

除了清简粥，当地人们还喜欢在清简粥的基础上，换着花样喝粥，如甜味的粥和咸味的粥。

甜味粥：最典型的是番薯粥。在清简粥煮好后，放入切好的番薯丝，再煮十分钟，爽口微甜的番薯粥就煮好了。炎炎夏日时，人们用番薯粥配咸鱼，连吃三大碗才觉得爽快。另外，就是糯米糖粥，它用糯米熬制，放入红糖，甜蜜黏稠的味道很受孩子们欢迎。

咸味粥：在白粥中放入不同的海鲜可以煮成各种海鲜粥，如鱼粥、虾粥、蟹粥、螺粥等，也可以放入多种海鲜一起煮成海鲜粥（三鲜、四鲜或五鲜）；如果放入皮蛋碎和猪肉末就成为皮蛋瘦肉粥；如果放入切细的沙虫就成为沙虫粥，几乎是一天一个样，天天不重样。

在夜宵摊上，生滚粥和砂锅粥也是爆款美食。生滚粥是在滚烫的热粥中放入比较容易煮熟的生鲜食材，有生滚鱼片粥、生滚肉片粥、生滚海鲜粥等。砂锅粥的做法是从潮汕地区传过来的，把米和食材一起放入砂锅中熬煮，一般使用需要熬煮出味的食材，如黄鳝、青蟹等。月夜下，三五好友相约小聚，吃上一锅粥当宵夜，既养胃又实惠。

图 239　夜市砂锅粥

嗦什么粉

两广人大都喜欢吃米粉。由于人们在把细长的米粉吸进嘴里时，会发出“吸溜”的声音，所以当地人称“吃米粉”为“嗦（suō）粉”。广西沿海三市市面上常见的米粉与广西北部地区的有所不同，广西北部地区常见的一般是圆形米粉，而广西沿海一带常见的是扁形米粉。这种扁形米粉又有大粉和细粉之分。大粉较粗，长方形粉皮，最大一块粉皮大概有30厘米宽，40厘米长，可以用来制作肠粉，也可以剪断做成汤粉。细粉则是薄薄细细长长的长方体，每一根长度大约40厘米，是最常见的米粉。

石磨米粉近年来更受到人们欢迎。石磨米粉是指用传统老工艺石磨磨制米浆后，再蒸制出来的米粉。其做法是：选取优质陈年稻米浸泡，再将泡好的稻米放入石磨中磨成浆，然后放入蒸箱里蒸熟，拿出来晾干，再切成米粉。与机制的米粉相似，石磨米粉的原料也是米浆，但用机器打磨的米浆，因为转速较高，发热量大，容易影响米浆中的营养物质，做成的米粉口感不够细滑。而用石磨磨出米浆做成的米粉，不但稻米的营养成分保存得完整，而且口感细滑。近几年间，满大街都开起了石磨粉店，足见人们对返璞归真的追求。吃石磨粉，吃的是情怀。

市面上流行的手工米粉，还有卷粉、刮粉和簸箕粉。

卷粉是把蒸好的米粉皮铺好，把炒熟的馅料放上去，再卷起来。让食客不费力就可以均匀地吃到皮和馅。卷粉往往借助工具制作，如有用一根竹篾来卷起米粉的，也有不用任何工具，直接用手卷起米粉的。在沿海三地，卷粉的做法相同，只是馅料有所不同。在名称上，防城的华侨卷粉、北海侨港的华侨卷粉都有一定的名气。

刮粉的制作与广东肠粉的制作相似。用勺子盛一点调制好的米浆（用大米粉、生粉、玉米淀粉加清水、香油调制）放入和烤盘类似的平底容器，晃动烤盘（或用一个竹刮刮均），让米浆均匀地分布在烤盘上，把烤盘放入蒸炉加热一下（约30—40秒），拉出烤盘，往烤盘上放入适量的肉馅（或加上蛋），撒上葱花，然后再把烤盘推进蒸笼上再蒸上40秒左右，就可以用竹刮将米浆包裹着肉馅的刮粉刮出来装盘，淋上酸汁或辣椒汁便可食用。

簸箕粉也称为炊粉，是制作起来最需要技术难度的一种米粉。人们把打好的米浆均匀摊到簸箕上，放在蒸笼内用大火蒸熟，现做现吃。而如何才能让米浆不通过簸箕漏掉，是关键技术所在。所以米浆的配比最讲究，用什么米磨浆、配入多少澄面或者粟面或者马蹄粉等、放入多少盐，各米粉制作商都有自己的秘诀。

图 240　竹篾卷粉

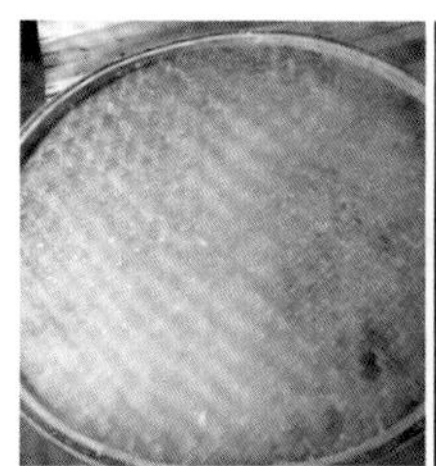

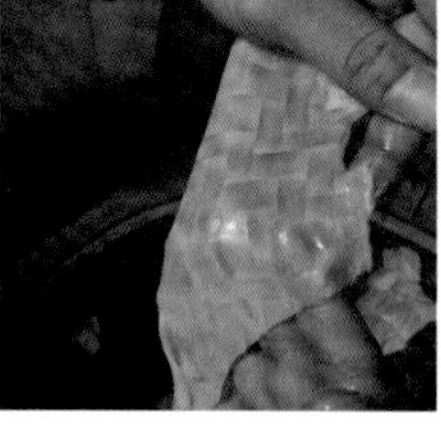

图 241　簸箕粉

在广西沿海三市，除了因制作方法的不同而有不同的米粉外，还有因米粉的烹煮方法不同，有不同的米粉，如汤煮粉、干捞粉、砂锅煮粉、炒粉等。还有因米粉配上不同的菜肴和调味品而有不同的名称，如猪脚粉、生肉粉、鹅肉粉、鸭肉粉、牛腩粉、猪肠粉、猪杂粉、狗肉粉、扣肉粉、叉烧粉、桂林米粉、螺丝粉、老鸡粉等。

汤煮粉：先把米粉先放入漏勺中，在热水或者热骨头汤中烫一下，然后再把调好味的汤汁淋到粉上，再放上菜。这样既能保证米粉软嫩，又不会烂在汤里。一般有素粉、生肉粉、海鲜粉、猪脚粉等。

图 242　酸甜干捞粉

干捞粉：先把米粉放在热水或者热骨头汤中烫过之后，再直接拌上浓稠的汤汁，如酸甜汁等，再放上菜。常见的有叉烧干捞粉。

砂锅煮粉：先在砂锅里把所有食材煮好后再放入米粉，加热片刻即出锅，米粉切记不能在砂锅里煮太久，否则会被煮烂，影响口感和卖相。

炒粉：最常见的是猪杂炒粉，先把猪杂、番茄和绿豆芽等配料放入锅中炒香，放入调味料后，再把米粉放入锅内迅速翻炒，放入葱花即可出锅。如果喜欢老友口味，可以加上酸笋、豆豉和辣椒一起翻炒。

吃什么糕

在广西沿海三市的市面上常见有用大米、糯米和马蹄粉为原料做的米糕，湿的有水糕、萝卜糕、马蹄糕、绿豆糕等，干的有沙糕等。

图 243　水糕

水糕的做法是打好米浆后，放入炊具中，蒸熟一层后再加入米浆再蒸一层，层层叠叠到顶后撒入木耳肉末覆面即可。水糕本身没有味道，但是当嫩滑的水糕配上酸、辣、咸、香、甜五味俱全的酱料，特别是酱料中还加入了炒制的白芝麻和碎花生，滴上几滴香油后，其味道含蓄，外闻不香、入口则散，常让人有意犹未尽的感觉。

图 244　香煎萝卜糕

萝卜糕（菜头糕），则是在米浆中放入炒熟的萝卜丝或者萝卜粒，具有广西沿海特色的萝卜糕往往还会加入虾米或者瑶柱丝等配料。把蒸熟的萝卜糕切片进行煎制，或者配上海鲜酱料翻炒，美味无穷。

马蹄糕、绿豆糕、花生卷等的主要原料是马蹄粉。一般都带有甜味，吃起来有韧性，受到甜食爱好者的青睐。

图 245　绿豆糕、椰汁马蹄糕、花生卷

沙糕是广西桂西南一带的壮族传统糕点，广西沿海一带以上思所产沙糕最有名气。其主料是芝麻、糯米粉、白砂糖、黄豆、绿豆、猪油和麻油等。其做法：精选优质糯米、黄豆或绿豆，打成粉后干炒，装入布袋中，置于地面让它自然受潮（也可用甘蔗、萝卜等放进米粉中人工润粉，或用湿沙子放在粉袋外面润粉，这与前面印饼的做法类似，即炒干的米粉回潮后可增加黏性），加入煮好的糖浆；将芝麻、麻油、熟油、白砂糖与精糯米粉炒熟混合（中间的黑芝麻层，如果要有颜色的，需用上黄豆或绿豆粉），将以上两种不同的材料置入大木格中压制成宽扁型，再用格刀将其分割成均匀小块，即成沙糕。由于沙糕有“步步高升”“年年高、节节高”等吉祥含义，被人们用作春节时礼品馈送亲友。

图 246　沙糕

上思沙糕主要采用上思特有的香糯米来制作，有做成三层的、也有做成五层的。一般有白、黄、黑三种颜色，白色是糯米、黄色是黄豆、黑色是芝麻，白、黄两色象征金银。其特点是皮薄馅厚油润、层次分明大方、色泽鲜艳美观、香甜酥软爽口、整块拿着不散、久藏不霉、食而不腻、营养丰富。据传，自宋代狄青远征广南始，当地的土人即制作沙糕作为干粮，供官兵们食用。《上思县志》记载：“沙糕香甜松软，是县内土特产。新中国成立前，以上思县城北门周必品及昌墩圩制的沙糕最佳。”早期，沙糕是人们在年夜里用来祭神及供奉祖先的祭品，后来渐渐成为春节期间人们走亲访友必备的礼品。

爱什么饼

广西沿海三市人们食用的饼类点心主要指油炸品，如蛋散、油条、咸煎饼、开口枣、煎堆（油炸糍）、炸番薯巴、糯米鸡、假蒌饼、墨鱼饼等。

蛋散，是两广一带著名的传统小吃，它以面粉、筋粉、鸡蛋和猪油搓成团，压成面片后，把两张在表面撒了干粉的面片重叠在一起，在中间竖切一刀，把面片的一头往刀缝中塞两次，再放入油锅中炸，炸到浅黄色时便捞起，蘸麦芽糖便可以食用。以香脆、甜蜜著称。

油条，其做法是从北方传来的，与其他地区的油条的做法没有区别，只是在食用方法上略有差异，如北方人喜欢把豆浆和油条一起当早餐吃，而广西沿海三市的人们大多把油条当宵夜吃，甚至用油条来做菜，如在蒸禾虫、蒸鸡蛋时放入一段段的油条等。

图247　蛋散（上排左1）、油条、（上排右1）、开口枣（下排中间）和咸煎饼（下排右1）

开口枣，也叫笑口枣，因其经过油炸会绽出一个裂口，犹如人们咧嘴憨笑的样子，故得名。开口枣的做法：用面粉、白砂糖、水和膨松剂按一定比例揉合，发酵之后，搓成圆面团，沾上一圈白芝麻，入油锅炸，等其自然开裂、表面成金黄色即可出锅。市面上出售的开口枣有大小两种，个大的每斤约有12只，个小的如桂圆大小，其个数会很多。它价格便宜，香酥脆口，深受人们喜爱。

咸煎饼，其做法是在面粉中加入适量的水和盐，揉成中间薄四周厚的圆形面片，面片表面撒上葱花，入油锅炸至金黄即可。有些店铺会加入南乳以增加咸煎饼的风味。在早餐店或夜宵摊都能寻觅到它的身影，人们喜欢咸甜搭配，一般是用甜豆浆配咸煎饼食用。

炸番薯巴，是一种流行于街头小巷，特别是中小学周边地区的民间常见小吃，在冬季为更多的人喜爱。其做法是选用黄心番薯，将之切成半厘米厚的薄片，把两片薯片用牙签扎在一起串起来，均匀地在外面裹上一层面粉糊，然后放入油锅炸至金黄色。在食用时，人们还可以撒上一些甘草盐或者辣椒盐。又咸又甜的炸番薯巴给人们留下了儿时的美好回忆。

图248　炸番薯巴和糯米鸡

糯米鸡，广西沿海的传统糯米鸡是糯米饭团裹上面浆油炸后的小吃。其主要做法是在煮熟的糯米饭中加入炒熟的五花肉粒、香菇等配料，加入五香粉等调味，将之揉成圆形一团后，裹上一层面浆，入锅油炸，直到炸至外皮香酥，捞起滤油便可食用。其口感外香内软，令人回味无穷，是今天四五十岁一代人青少年时期最留恋的美食之一。近年来，糯米鸡以另外一种形式——荷叶糯米鸡出现在钦州的众多包点铺及早茶中。它是粤式特色点心中的一种，主要制法是在糯米里面放入鸡肉、叉烧肉、排骨、咸蛋黄、冬菇等馅料，然后以荷叶包实放到蒸具中蒸熟。糯米鸡在入口时充满着荷叶的清香，咀嚼时粘牙并带有着鸡肉的肉香。

假蒌饼，是用新鲜假蒌叶把猪肉、马蹄、胡萝卜等混合馅包住，入油锅煎制而成。假蒌叶被煎得酥脆，其香味融入肉馅中，香甜而带有异香。这是一道在广西沿海一带较盛行的带有越南口味的点心，在主打越南特色的餐饮店里往往会配上鱼露蘸汁一起食用。

图 249　假蒌饼

墨鱼饼，是一道最具广西北部湾特色的风味小吃。其做法是选用墨鱼切丁，与面糊一起捏成饼状，放入油锅炸制而成。品尝优质的墨鱼饼，在口里会有弹牙的感觉。墨鱼饼在制作时，店家会加入胡椒粉、肉末等配料，蘸料有番茄酱、甜辣酱、百香果酱等酸甜系列，它与油腻炸物相配，油而不腻，开胃生津。

图 250　墨鱼饼

食乜粑（康熙字典发音：yè）

粑是米麦的碎屑，多用指粗食。泛指稻、麦等的籽粒，多指在广东湛江、吴川、廉江、茂名、合浦、浦北等地流行的用稻米加工制作的传统民间小吃。其实，在广西沿海三市，凡是米、麦、豆等磨碎后做成的团状物都可称为“粑”，如包子、馒头、饺子等也有老人称之为粑。而严格意义上的粑是稻米、红薯、木薯、玉米等磨粉后包入各种馅料做成的小吃。其馅分咸味和甜味两种。咸味的用料有糯米、绿豆、花生、芝麻、虾仁、椰丝、咸肉等。甜味的用料有糯米、芝麻、花生、毛艾、椰丝、瓜糖、莲藕等。明朝中期后，红薯、玉米等食物传入中国，给人们的食物增加了新来源。但如何才能使这些薯类

图 251　白薯粑（上）、叶梢粑（下左）、艾粑（下右）

食物让人增加食用欲，同时也容易保存和携带？人们用木槌将其捣成粉，晒干保存，在食用时加水搅成糊状蒸煮，或把它揉成各种形状，在中间包入各种馅料，使之具有不同的口味。这不但增加营养，而且还增加食欲。这就是“籺”。

籺的类型有很多，有艾籺、白薯籺、叶梢籺、木薯籺、茶杯籺、油炸籺等。艾籺、叶梢籺、白薯籺、油炸籺的外皮主料是糯米，内馅以芝麻、花生、白砂糖为主，叶梢籺有时以红豆、绿豆泥做咸馅。籺的不同在于它们的外皮加入了不同的成分，如艾籺是由艾叶做的；叶梢籺呈长舌型的，其外皮略软而湿，黏性大，一般用芭蕉叶包裹起来，以免粘连；白薯籺是在外皮裹一层熟糯米粉，但有时人们在街头看到有一种黄色的白薯籺，为人们在建新房上梁头时或冬至日食用，用的是木鳖子做原料的，味道一样，仅为取其色泽，叫木鳖子籺。

图 252　油炸籺

油炸籺，也叫煎堆。做法是用糯米皮包覆着芝麻花生糖心，捏成圆团，放进热油镬中炸至鼓胀成拳头大的圆球即成。煎堆表皮光滑，口感酥软，吃起来满嘴油香。它起源于唐朝，当时叫碌堆，是长安宫廷的食品，初唐诗人王梵志有诗云：“贪他油煎䭔，爱若菠萝蜜。”随着中原人的南迁，煎堆被带到南方，成为广东著名的油炸食品之一。广西沿海一带的煎堆色泽金黄，外形浑圆中空，口感芳香酥脆，体积膨大滚圆，表皮薄脆清香，而内又柔软粘连，馅香甜可口，有团圆甜蜜的寓意。有些地方把煎堆当成年礼，特别是年初二女儿回娘家时，一般都会带上煎堆作礼物。娘家人一般收下女儿带回来的三分之二的煎堆，把其余部分让女儿带回婆家。收到煎堆后，不仅要分给亲戚朋友，还会挨家挨户分给整村与大家分享。

图 253　木薯籺

木薯籺是比较特殊的籺，它的原料不是糯米粉而是木薯粉。由于它被包成饺子的形状，又称木薯饺。木薯籺的外皮是用木薯巴（干木薯）打成粉做成的，内馅因人们的口味喜好而不同，有用虾仁的、也有用猪肉的、更多的是用萝卜、木耳等作馅。其特点是皮韧、味香甜、有嚼劲。其做法是先将木薯切片、浸泡、晒干、磨成粉，过筛去渣，然后用温水和成团再搓成可捏状，放入馅，包成长10—15厘米、宽5厘米左右的大饺子，上锅蒸或用油煎熟即可食用。

茶杯粄是用粘米粉、糯米粉混合马蹄粉等做成的，因把其盛放在茶杯中上锅蒸熟，故称之为茶杯粄。茶杯粄有甜味和咸味两种。甜味的，在食用时，用两根竹签从边缘插入便可从茶杯中撬出；咸味的，与水糕相似，在食用时，需要加入调味料，用竹签拨碎后，一小块一小块地挑起来放入口中。多年前，在钦州、全浦、防城、灵山、浦北等地的大街小巷上，每天基本上在相同的时间里，都会出现踩着三轮货车、用清亮的声音叫着“茶杯粄”的流动小贩。这几年，“茶杯粄”的叫卖声少听见了，取而代之的是一批茶摊上与之相似的钵仔糕。钵仔糕多为甜味，在制作时中加入桂花、百香果等材料，口味多样，但价格比茶杯粄要贵，而那一代在小时候每天都静等“茶杯粄”的叫卖声的人们也随着那位茶杯粄阿姨的老去而长大成人了。

图 254　茶杯粄和钵仔糕

满大街的酸嘢

酸嘢是广西沿海一带的特色街头小吃。漫步大街小巷，如果看到有流动推车或者小摊上陈列着一排排透明的玻璃缸，里面浸泡着五颜六色的各式瓜果蔬菜，那就是酸嘢摊了。走近酸嘢摊，一阵阵酸味扑鼻而来，令人垂涎。

图 255　流动酸嘢摊

在广西，酸嘢的做法有南北差异。整个广西的酸嘢都以芒果、木瓜、萝卜、番石榴、菠萝等时令果蔬为主。但广西南部和北部的酸嘢制作方式有所不同。广西北部地区大都用酸醋、辣椒、白糖等泡制材料，半天后即可销售。广西沿海一带的酸嘢有两种制法，一种是把果菜等材料现切现捞，便可食用；另一种是把果菜等原料浸泡发酵一段时间，使其发酸，才能食用。

现切现捞的酸嘢一般选用可直接食用的水果：芒果、菠萝、番石榴、李子、杨桃等。切好后，针对不同水果的味道有不同的吃法，如果是甜的水果，就配上甘草盐，让客人蘸着吃；如果是酸的或者无味的水果，就加入甘草水，或根据客人需要加入辣椒水、甘草盐和辣椒盐。这种吃法与西餐的沙拉吃法相似，被很多人趣称为“本地水果沙拉”。

广西各地的酸嘢都有不同的味道，如南宁人喜欢在果品中放辣椒粉，主要靠水果原味，用辣味点睛；在广西沿海三市，人们的秘密武器是在果品中加上甘草水和甘草盐；还有灵山人喜欢在酸嘢中加入紫苏；合浦人喜欢在青瓜酸中加入芫茜等。甘草水和甘草盐在广西沿海一带的酸嘢摊中有着不可或缺的地位，它咸中带甜，不仅能中和水果里的酸味，还能让水果增添风味，让人回味悠长。许多酸嘢摊主都有辣椒盐或甘草盐的秘方，但绝不外传。市场上虽然有包装好的甘草盐出售，但其味道一般，不如一些商家自制的味道好。因为炒盐不仅讲究配比和手艺，更重要的是要有耐心和经验，一般摊店只做一些甘草盐用来配摊，人们如果需要，也可向摊主预定，一些好盐的价格达到十多块一斤呢。

图 256　甘草水、甘草盐和辣椒盐

需要浸泡发酵的酸嘢主要选用蔬菜或酸果类：萝卜、包菜（椰菜）、芥菜、豆角、荧头（蒜的根部）、木瓜、沙梨等。选料贵在“生”（即要选用还没有成熟的果），已成熟或熟透的果蔬因已经发软，在浸泡时容易腐烂，不宜做酸嘢；在味道突出“酸”字，酸咸适度、酸甜可口；部分酸嘢的口感还突出“脆”字，如萝卜生、木瓜生、荞头酸、酸沙梨等，如果只酸不脆，那就失去了不少风味。蔬果用一定比例的盐水腌制，经过一段时间后，在酵母菌的努力工作下自然变酸。当然，有经验的人会把握好每种蔬果应有的酸度，在合适的时间拿出来品尝。腌制好的蔬果不仅能当零食吃，还能入菜或者做蘸汁，特别是荞头酸，用途非常广。

当地出售酸嘢的摊点大都是流动式的，因为酸嘢价格低廉，租店面成本高。为此，大多数酸嘢摊老板每天脚踏三轮车，车上装上一个个内盛酸嘢的玻璃缸，带上新鲜水果，等候在人流较密集的地方。酸嘢摊老板的手艺大多数是祖传的，不少摊点因为后继无人，且酸嘢的做法无法用图文记录，其做法逐渐失传。当然也有一些酸嘢摊租上铺面，市场上也有几家20年老店出售酸嘢。

图 257　钦州兴新酸嘢摊（20 年老店）

自助式的糖水

夏日炎炎，漫漫长夜。每当夜幕降临，广西沿海三市的街头小巷就会出现人们最青睐的宵夜摊——糖水摊。当地的糖水其实和香港、广东一带的甜品很相似。不过广东、香港的甜品是有固定配方的，广西沿海三市的糖水摊却没有固定的配方。它像一个小型的自选超市，店主精心地准备了各式各样的糖水材料：黑凉粉、白凉粉、槐花、马蹄糕、玉米粒、绿豆、海带、番薯、芋头、黑珍珠等，客人可以随心所欲地选择，把选好的材料交给店主，添上冰冻好的红糖水，一碗糖水就成了，人们便

图 258　糖水摊

可尽情享用。一碗糖水的价格无非是3—4元，消暑又解渴，实在是夏天性价比较高的宵夜之一了。待天气渐凉后，有些店主则推出清甜的清补凉、浓香的芝麻糊、八宝粥、热豆浆等热甜品，或者给糖水材料淋上热的红糖水，同时给客人提供大油条、蛋散、咸煎饼等。糖水摊生意也就由夏天延续到了冬天。

在这么多种类型的糖水中，最有特色的当属槐花糖水。由于其形如小虫，故有“槐花蛆”的别称。其实槐花糖水是用大米和晒干后泡发的槐花作为主料做成的糖水饮品。其做法是取一斤粘米粉和槐花适量（大约是用手指抓一搓的份量，将其磨成粉）。把磨成粉的槐花放入粘米粉中，加水后不停地搅拌，直到米粉成团，不滴水为止。

图 259　槐花糖水

首先烧开一锅水，然后取适量的米粉团放在漏勺上，把漏勺放在烧开的水上面，之后用准备好的勺子或者杯子的底部压榨粉团（这个做法和生榨米粉的做法一样），让面团经过漏勺变成细长条和粉条掉入热水中氽熟，接着用筷子把锅里的槐花粉划散并捞起晾凉，最后根据个人的喜好加入白糖水、红糖水或者蜂蜜水。槐花做好以后一定要用适量的水浸泡着，否则会粘在一起。据说，槐花糖水不仅味道清爽、消暑解渴，还有凉血止血、降低血压的作用，一直是当地经久不衰的特色糖水。

还有一种像开了花一样的白色糯玉米糖水也值得一书。要想把玉米煮开花，需要选用采摘后放置到自然干结的糯玉米。将其脱粒后，与适量石灰水一起熬煮20分钟以上，再用冷水冲刷玉米粒，用簸箕搓掉玉米粒外面的硬壳，换水浸泡一天之后，才可以煮成开花玉米糖水。外观清新脱俗、口感清爽软糯、制作费时费工的老玉米糖水，是当地人喜欢的老味道。

图 260　开花老玉米

似药非药的药膳及凉茶

广西沿海一带气候炎热潮湿、丘陵山地多、树木茂密，在古代是瘴疟、瘟疹、疫疠的多发地。当地居民自古以来一直注重未病先防，并在长期的实践中总结出一套颇具特色且有较好疗效的预防疾病的方法——药膳及凉茶。

用草药沐浴、煮药膳和煲凉茶是当地人的习惯。每当当地特殊的节日，例如“观音诞”“四月八”，又或者遇到了身体出现亚健康状况，觉得需要调养身体时，他们就会前往菜市场的草药铺，买草药煮水沐浴、煮药膳或煲凉茶。草药铺老板都拥有家传的医学知识宝库，对于常见的病症应该用什么药、怎么煮，信手拈来。当季的草药一般都是鲜活的植株，但如果过季了，也有干燥的草药可替代使用，这是中国传统中医智慧在民间最佳的体现。

图 261　菜市场的草药铺

喝凉茶是两广的饮食特点之一。以中草药为材料煎水服用，即人们所说的“凉茶”。大街小巷的凉茶铺，有徐其修、平安堂等品牌，也有不少隐没在小巷子里的各种无名凉茶铺。

凉茶所使用的草药多就地取材：雷公根、车前草、金钱草、蒲公英、灯芯草、鱼腥草、白茅根，甚至甘蔗、马蹄均可入水煎煮，成为下火良方。也有人用传统或家传的良方煮制五花茶、感冒茶、王老吉等。

图 262　中草药凉茶铺

在凉茶中最特别的一味是生榨雷公根。它不是用传统方法煎煮的，而是用新鲜雷公根揉水、加糖后做成的。每年的清明节到秋至之间是雷公根糖水味道最好的季节，因为此时的雷公根草汁液丰富，适合炎热及干燥天气人们解暑消燥。秋冬之后，天气渐冷，生榨雷公根就失去市场。

图 263　草药凉茶

图 264　生榨雷公根

怎么吃肉

在广西沿海三市，海鲜是美食的主要战场，但各种肉类也从来没有缺席。除了食用各种家畜家禽的主要部位之外，人们还对它们的边角料特别感兴趣，如鸭肠、鸭下巴、鸭肾、鸭爪、鸡爪、鸡皮、猪牛羊的下水等。其烹饪方法比海鲜要复杂一些，大都采用卤水、烧烤、盐焗、煮制等。

卤水是中国粤菜、川菜以及其他菜系的众多小吃中常用的一种调味料，它采用多种香料熬制数小时而成。一般餐饮店会将自制的卤水重复使用，他们认为卤水煮得越久越美味。畜类和禽类的任何部位，均可以用卤水煮。广西沿海一带的卤水有其地方特色，不过由于各家卤水的配方不同，卤出来的食物也各有千秋。在市面上，鸭下巴、鸭爪、鸭肠和鸭肾是最受欢迎的卤物。由于鸭子的腥味比其他禽类稍浓，把鸭子各部位放入卤水中熬制后，往往会化腐朽为神奇，出现独特的香味。广西沿海各地卤水店以街边小吃店为主，也有一些营业达20年以上的老店租有门面供销售，如钦州中山路的九叔卤水等。除了卤水配方不同外，各家的蘸料也有不同。一般的卤水蘸料中都会放入酸味，有用醋，也有用酸梅、酸柠檬等作为佐料的，另外还会放入香菜（大叶芫茜、小叶芫茜、香茅）。

图 265　卤水鸭杂

用盐焗的方法制作食物，大多选用腥味较少的整鸡及鸡脖子、鸡翅膀、鸡翅尖、鸡皮等油脂比较丰富的部分，盐焗可以增加鸡肉的风味。其做法是先用粗海盐炒热，然后把原料用纱纸包裹，再覆盖上热盐，待热盐冷却后，再放于锅内加热。随着热盐的作用，鸡的表皮因失水而不断变黄，待熟透即成。因制作方法的差异，不同的商家所制作的盐焗鸡，口感有所不同。有的盐焗鸡吃起来口感较干、韧性大，但味道较浓；有的盐焗鸡口感湿润，油而不腻。

图 266　盐焗鸡翅、鸡皮、鸡爪

图 267 烧烤摊畅销产品

烧烤是全国各地都盛行的一种烹饪方法。在广西沿海三市，烧烤材料有其独特性。人们除了选用肉类作为烧烤材料外，还可以选用海鲜、蔬菜等。近年来，为了控制城市中的空气污染指数，各地对街头巷尾的烧烤摊进行了整治，露天烧烤摊逐步减少。烧烤类食品较为常见并特别为人们所爱的有蒜蓉烤大蚝、烤鹌鹑和烤韭菜等。

叉烧是一种特殊的烤肉，它一般出现在市场的熟食摊上。但广西沿海三市的一些店家推出了明火烤叉烧。“叉烧”是从“插烧”发展而来的。插烧是将猪的里脊肉加插在烤全猪腹内，经烧烤而成。一只烤全猪最鲜美处是里脊肉，但一只猪里只有两条里脊，难于满足食家需要。于是人们便想出插烧之法，但这种做法也极为有限，不能解决人们对里脊的大量需求。于是，人们便将数条里脊肉串起来叉着放在炭火上烤，久而久之，插烧之名便被叉烧所替代。

图 268 明火叉烧

叉烧的制作一般选用猪瘦肉或者半肥瘦，采用各家特有的调料腌制过后，在火炭上把叉烧烤熟。其中瘦肉叉烧是比较省心的，只要炭火温度足够高，不停地翻转即可；半肥瘦的称为肥叉，由于是用五花腩猪肉做的，也叫“烧腩”。烧腩的烤制略有难度，不能用猛火烤，只能在烤制瘦肉叉烧的时候，放在炉子的两端炉火温度不高的区域，其烤制时间也比瘦肉叉烧长。因此，要想吃上好吃的优质烧腩，有时可能要到店家去等候，否则，烧腩一上架可能就被人们抢购一空了。

图 269　烧腩

柯烧，是另外一种与叉烧齐名的猪肉熟食。其做法是选取猪的梅头肉或二层青，用酱油、糖、沙姜、五香粉等配料腌制入味后，放入锅中焖煮到收汁后便可食用。其口感爽脆嫩滑，人们称之柯烧或锅烧。柯烧的选料极为重要，一定要选夹有相应肥肉的梅头肉或二皮青。腌好的肉放入锅后必须先用大火烧开，再转小火慢慢焖直至收汁。柯烧的配料因人而异，有放入沙姜增香的，还有放入山黄皮增香的，甚至还放入南乳和咸柠檬增香，各有风味。

图 270　柯烧肉

猪肉是广西沿海居民的主要肉食品种，在食用猪肉的同时，人们对猪杂也情有独钟。而猪杂汤（也称猪红汤）是人们喜爱的一道美食。这是一味把猪小肠切段、猪血（猪红）切块、猪肝和瘦猪肉切片后一起放入沸水中煮成的汤，瘦肉的鲜

图 271　猪杂汤

味中和了猪杂带有的腥味，让口感犹觉鲜美，滑嫩易嚼。做好一味猪杂汤，最重要的是选取新鲜的猪杂，而且刀工要好，无论是切片，还是切块均要厚薄适中。另外，还需掌握好火候，适当调味。

牛杂，也是深受广西沿海一带人家的喜爱。牛杂做法与北方的麻辣烫有诸多相似的地方。店家需要先做好一锅底汤，不同商家选用的材料不同，汤底的味道也各有千秋。由于牛杂一般都是比较劲道的材料，如牛肚、牛肠、牛筋、牛肺等，为此必须经过长时间的炖煮，把牛杂放入底汤中经过几个小时的炖煮便可以拿出来串成串出售。在入口食用时，牛杂上面要加入酱汁配料再次调味。炖煮过牛杂的底汤，商家还会再次利用，如放入豆腐果、豆腐皮、炸腐竹、香菇、白萝卜等，让它们吸收牛杂中的精华，成为受人欢迎的美食。

图 272　牛杂

牛杂酱料因不同的店家而异，但广西沿海三市一带，人们的口味离不开酸。在食用牛杂时，人们都喜欢用咸酸来搭配，番茄汁和咸汁是常用的，为了增香，还会配上炒花生碎或者花生酱汁，还有香菜等配料。在灵山县，牛杂摊上还会提供山黄皮酱搭配，别有一番风味；而在防城港市一带，有的店家提供鱼露等调味品，各有特色。

图 273　淋了番茄汁及黄皮酱的牛杂

喝什么酒

广西北部湾民间常酿的酒有蒸馏酒、泡制酒和酿造酒。

蒸馏酒：是乙醇浓度高于原发酵产物的各种酒精饮料。其原料一般是富含天然糖分或容易转化为糖的淀粉等物质。广西沿海一带的蒸馏酒原料首选大米，其次是甘蔗、木薯等，近年来开始用水果作原料。其做法是先把原料发酵（一般需加酒饼），再用特制的蒸馏器（当地居民用土灶）将酒液、酒醪或酒醅加热，收集蒸馏产生的酒气。经过冷却，得到酒液，再兑一定的水，就构成含酒精浓度不同的酒。当地人称为“水鬼冲”。

酿造酒：在广西沿海一带多为糯米酒。其做法是先选上等糯米，用清水浸泡后上蒸笼用大火蒸熟，把熟米饭倒在竹席上摊开冷却，待温度降至30℃左右时，撒上酒曲拌和均匀，入酒坛内加盖，静置于房间暗处，让其自然糖化。发酵后，坛内会发出浓厚的酒香（一般夏季三天后可以闻到酒香，大概七天后可以享受美酒，如果气温低于20℃则需要二十天才可以做好），便可以开坛酒了。每100千克糯米可酿造米酒200千克。

泡制酒：即把各种原料放入含酒精度较高的酒中浸泡而成。一般采用蒸馏酒泡制，视加入的原料不同而使用不同度数的蒸馏酒。如果泡制酒以水果为原料，就会用低度数的米酒泡制。如果以动物为原料，就需要用高度数酒来泡制了。

目前，广西沿海一带常见的泡制酒有捻子酒、山黄皮酒、万寿果酒、酸梅酒和杨梅酒等，都具有一定的药用价值。

图 274　捻子酒

捻子酒：是将捻子（即桃金娘的果实）泡于白酒之中而成的一种保健酒。据《本草纲目》和《中药大辞典》记载：“捻子果含有黄酮甙、酚类、氨基酸、有机酸、多种维生素和糖类等，具有养血、乌发、壮髓、固精、止血、涩肠、明目、强筋骨、补血安神、祛风活络、滋阴壮阳的功能。”其做法是将捻子洗干净，经三蒸三晒后，把酒和捻子干以10∶1的比例浸泡于容器中，密封三个月即可饮用。该酒号称是两广人必备的“土茅台”。

山黄皮酒：山黄皮本身是一种水果，主要分布在广西西南部的石山地区。山黄皮酒是一种古老的酒，是全球三大古酒之一。主要是用山黄皮果、蒸馏酒和蜂蜜为原料，把黄皮洗净，晒至半干，分离果核；把果皮、果肉、果核和蜂蜜一同放入酒中一起浸泡，封存一个月左右即可。据说有止咳除烦，生津止渴，去痛散热作用，有利尿消肿的功效。

万寿果酒：将采摘回来的万寿果梗处理干净，先蒸后晒，直到万寿果呈现干巴巴的状态。将万寿果放入瓶中，加入30度以上的白酒，没过万寿果5厘米以上，浸泡3个月左右。李时珍在《本草纲目》中提到，万寿果泡酒有“止渴除烦，去膈上热，润五脏，利大小便”的功效。而现代研究也证明，万寿果泡酒具有祛风湿的作用，对治疗风湿性关节炎有一定的帮助。

酸梅酒：又叫青梅酒。以青梅：白酒：黄冰糖为1：1：0.5的比例泡制。其做法是先将酸梅洗干净，去掉果蒂，然后晾干表面水分备用。将酸梅、冰糖先放入空瓶中，然后倒入米酒，封住，耐心等待五个月以上，清甜可口而有益的酸梅酒就可以饮用了。酸梅酒不仅能开胃健脾、帮助脾胃消化，还能降压降肝火、滋养肝脏、解毒养颜，其中的柠檬酸和血液中的钙质结合还能预防结石；青梅酒中大量的多酚类物质还能抑制脂肪堆积，有塑身减肥的作用。

杨梅酒：是由杨梅、白酒和冰糖按一定比例制作而成的。味香甜，含葡萄糖、果糖、柠檬酸、苹果酸及多种维生素。早在元朝末期，人们就开始配制杨梅酒了。据《本草纲目》记载，杨梅具有"生津、止渴、调五脏、涤肠胃、除烦愦恶气"的作用，为老少皆宜的佳品。用白酒浸泡的杨梅有消食、除湿、解暑、生津止咳、助消化、御寒、止泻、利尿等功能，盛夏时节饮用会使人顿觉气舒神爽，消暑解腻。

动物酒大多就地取材，主要使用各种海鲜、山货等有药用价值的动物为原料，有海马酒、海蛇酒、虾酒、山蚂蚁酒、蛇酒、蛤蚧酒等。

海马酒：做法是将干海马洗净，放入盛有白酒的瓶中，浸泡15天即可。由于海马含氮基酸及蛋白质、脂肪酸、甾体、多种维生素及硬脂酸、乙酰胆碱脂酶、胆碱脂酶、蛋白酶等成分，饮用该酒对温肾壮阳，活血祛瘀，散结消肿等有一定的作用。

图 275　海马酒

虾酒：做法是准备新鲜大虾1对，白酒（60度）250毫升。将虾洗净，置于瓷罐中，加酒浸泡并密封，约10天后即成。中医认为，虾性温味甘咸，有补肾壮阳、益气开胃的功能。虾酒补肾壮阳，对肾阳不足、阳痿腰酸等的人士食用有一定作用。

龟酒：以优质白酒为酒基，用金钱龟为主料，枸杞、甘草、罗汉果为辅料，通过高科技酶解技术精制而成。其富含天然牛硫酸、活性肽、多糖等人体必需的营养元素，有调理人体基能，改善身体亚健康状态，同时提供人体日常营养补给的功效。四季均可适量服用。

蛇酒：蛇类入药早在两千多年前的《神农本草经》中就有记载，蛇全身都是宝，蛇肉有活血驱风、除痰祛湿、补中益气的作用，对风湿关节炎、肢体麻木、气虚血亏、惊风癫痫及皮肤瘙痒等症都有较好的疗效。蛇胆、蛇骨、蛇蜕（处方名青龙衣，俗称蛇壳、蛇衣）对治疗坐骨神经痛、偏头痛、类风湿关节痛和晚期癌症、麻风病等有一定的疗效。蛇毒价格比黄金还贵十倍，是国际市场上十分紧缺的药源，故有“天赐良药”之美称。蛇酒被誉为“酒中之珍品”。蛇酒的制作方法，同样是采用浸泡法。

蚂蚁酒：是由配方大蚂蚁、白酒等泡制而成的酒。将蚂蚁放入白酒中，密封浸泡15天即可服用。蚂蚁泡酒主要的功效是温肾壮阳、祛风除湿、通经活络、祛风止痛、强筋健骨。

蛤蚧酒：利用蛤蚧蒸泡制成，做法是准备蛤蚧1对，白酒1000毫升。将蛤蚧去头、足、鳞，切成小块，浸于酒中，封固两个月。蛤蚧酒有补肺益肾，纳气定喘，助阳益精的功效。

东园家酒：源于北海市合浦县东园饭店黄氏祖传秘方，有一百多年的历史。它选用珍珠螺肉、海马、海蛇、鹿筋、鹿鞭、龟板、地龙、蛤蚧、桂圆、杜仲、淫羊藿等30多种动植物药材，以小蒸纯米酒长时间浸泡后科学精制而成。东园家酒内含20多种氨基酸、多种有益微量元素，大量还原糖，不含甲醇、激素、兴奋剂，酒度低，口感好，可加冰块，醉不上头，属纯天然营养保健佳品。东园家酒对因免疫力低下引起的肾阳不足，尿频，易感冒；因疲劳引发的风湿关节炎、腰酸腿痛，手脚麻木；因血色素低下血液携氧量不足引致的易气喘，皮肤无名青紫等有特效。

采用当地热带水果酿制酒是广西沿海一带酿酒的一大特色。

图 276　糯米甜酒

糯米甜酒：糯米甜酒是汉族传统名小吃，主要采用糯米酿造而成。主要做法是将糯米洗净后，加入漫过糯米半厘米的清水煮熟；取酒饼丸小半颗磨碎，加入少量温开水溶解，然后将酒饼水拌入糯米饭中；拌好的糯米饭放入无水、无油、密封性好的容器里，稍稍把它按紧实，在糯米饭表面再撒上酒饼粉；容器密封，放在温暖的地方；3—5天后，糯米饭发酵软绵、出水并发出酒香味就做好了。糯米甜酒酿含有19种氨基酸，甜酒酿含有的氨基酸种类齐全，而且糖度和酸度适中，酒精度低，具有较高的营养价值。其酒温中益气、补气养颜，是中老年人、孕产妇和身体虚弱者的日常滋补佳品。

荔枝酒：是以优质新鲜荔枝为原材料，清洗、沥干、剥皮、去核、榨汁，再放入发酵罐内低温发酵精酿而成，全过程控制在30分钟以内，这样既保证了荔枝的清新香味，又防止了荔枝营养价值的流失。荔枝酒呈棕褐色，清亮透明，无悬浮物和沉淀物，有荔枝的果香和酒香，口感醇和适口，酸甜适中。荔枝酒以钦州市灵山县的荔枝酒最为出名，该酒具有益气健脾、养血益肝、防老、美容、减脂，助消化和杀菌、消渴利尿的功效。

图 277　荔枝酒

火龙果酒：是以热带水果火龙果肉为原料进行发酵酿制而成的酒。具体做法是取出火龙果的果肉切成大小合适的片状；把切好的火龙果片放一层在洁净无油的玻璃罐子中，然后再放一层冰糖，如此反复，直至把果肉全部放完，最上层放入冰糖。把密封的罐子放在阴凉的地方保存，再过三四天，里面就会有大量汁液析出；过一个月以后，把罐子打开，用滤网进行过滤，把里面的残渣去掉，得到的液体装入到玻璃瓶子，这就是自制的火龙果酒。火龙果酒，洋溢着热带风情与异国情调，品味独特，健康时尚，有解毒、保护皮肤、抗衰老、调节毛细血管等功能。

金蕉液：是采用香蕉为原材料，加上独家的技术手段酿制而成的。浦北县的金蕉液酒平顺无烈、入口绵软、芳香清甜、香蕉果味浓厚。它含有人体必需的各种氨基酸、维生素及微量元素，经常饮用能增强人体对疾病的抵抗力、增加食欲、清肝明目。

第二章　钦州美食

钦州地处广西北部湾沿海的中心地区，拥有大西南最便捷的出海通道，人口总数近400万，其汉族人口占人口总数的89%左右，少数民族人口占总人口的11%左右，饮食文化显现山海交融、五方交汇的特色。

猪脚粉

俗话讲："钦州猪脚粉，神仙也打滚。"

钦州猪脚粉是钦州的招牌美食，也是广西的传统名小吃之一。

猪脚粉是用当地特有的上好的宽米粉，配以调制好的熟猪脚做佐料而得名。猪脚粉虽然不是钦州独有的，但钦州猪脚粉，与外地猪脚粉有明显的区别，这可以归结为两个字：浓香。钦州猪脚粉的浓香，是因为选料考究，在猪脚的制作过程中不仅放入普通的香料，而且加入了钦州特有的虾米、蟹腿等海味。

猪脚粉的兴起可追溯到20世纪70年代末，那还是一个凭票证供应生活必需品的年代，但是自由市场已逐步开放了。为了摄取更多的肉食脂肪，人们在购买猪肉时，一般都会选择购买肉多的部位，这样，猪脚之类的带骨头的部位成为每天市场上的滞销品。在钦州，有人特地采购这些人们不太愿意购买的猪脚，经精心制作成香焖猪脚，每天用木车拉着一锅用浓汁泡着的猪脚扣肉，一筐米粉，沿街出售。当时，这些流动的猪脚粉车，主要营业的地点是体力劳动者比较集中的地方，如建筑工地等（因为体力劳动者消耗体力多，需要高脂肪来快速补充能量）。人们买上二至三两米粉，用热水烫一下，挑上一块带皮带筋的猪脚肉，淋上一勺猪脚汁搅拌，吃上后迅速补充体力。由于猪脚含胶原蛋白多，经特殊烹制后，味道鲜香、肥而不腻，加上价格合适，很快便得到了大家的认同，猪脚粉便开始在市面上流行起来。

猪脚粉的制作，首先是精心挑选猪前蹄，经过烧（即为猪脚去掉杂毛），刨（确保没有杂毛残留在皮层中），敷（敷上麦芽糖使猪皮的颜色

图 278　炖煮猪脚

变黄），炸（需要技术，炸至外脆内嫩）。切块后，配以草果、茴香、陈皮、桂皮、丁香、胡椒、香叶、甘草、沙姜、八角等几十种中药材投入大锅中炖煮。这样熬熟的猪脚肥而不腻、脆而不硬，汤料经过了调配，既保持原味鲜美，价格又实惠，吃起来别有一番风味。其实钦州人所说的猪脚包含了猪肘与猪蹄的整只前腿，整只猪蹄又分为瘦肉、大骨、猪蹄、脆肉、二胴骨，大骨吃起来过瘾，猪蹄吃起来香脆，脆肉则是整个猪脚中嫩熟度最适中的部分，而中间的瘦肉则是女孩子的最爱。

图 279　猪脚大骨粉

"汁"是钦州猪脚粉的精髓，在猪脚汁里，往往在加入了香叶、八角、桂皮等大料的同时，还加入了海米，既香味十足又鲜爽清香。配猪脚的米粉，有大粉和细粉之分，根据个人爱好选择。米粉淋上猪脚汁后，浓香美味，神仙吃了打滚。哪怕不吃猪脚，仅用上一碗淋上猪脚汁的米粉也让人回味无穷。粉、肉、汁三者的完美融合，这就是钦州猪脚粉。

狗　肉

狗肉一食，在商周时代便是天子宴会上的佳肴。最早在《礼记·王制》中的燕飨之礼有载："一献之礼既毕，皆坐而饮酒，以至于醉，其牲用狗……"至春秋战国时期，普通人也开始吃狗肉，到秦汉时期最为流行。张采亮《中国风俗史》说，汉代人"喜食犬，故屠狗之事，豪杰亦为之"。

如今狗肉虽仍难登大雅之堂，却依旧位于百味之首。钦州狗肉，最早让人们记住的是源自黄屋屯狗肉，正宗的黄屋屯狗肉的烧制方法已失传了，但其烧卤制作以及大块剁肉的传统一直沿袭至今。

图 280　狗肉

钦州红烧狗肉的做法是取新鲜带皮狗肉洗干净，与前面（猪脚粉条目中）所提到的对猪脚的处理方法有点相似，经过烧（即去掉狗毛），刨（确保没有杂毛残留在皮层中），切（即切成小块），炸（炸至外皮香脆）。旺火热锅烧红放油烧热，将八角、陈皮、老姜、红糖、米酒、桂皮、姜片、草果、大蒜头与狗肉一起放入，加料酒翻炒。再放酱油、盐、糖等，倒入适量热水（稍稍淹没狗肉为宜），烧开后移至砂锅小火慢煨（也可用高压锅中小火压40分钟）至狗肉熟烂。食用时，配上由地菠萝、酸藠头、香菜等为调料的汁。

大寺猪肚巴

大寺猪肚巴，风味独特，色香味俱全，入口口感软中带韧，咸中带甜，越嚼越带劲儿，适合于佐酒，是钦州闻名遐迩的小吃之一。

大寺猪肚巴最初是由一个外号叫“春和公”的老人家制作的。起初，他每天手里端着个托盘，盛上一些牛巴拿到镇上的小学门口摆卖，很受孩子们欢迎。后来，“春和公”等人发现，用猪肚做成的猪肚巴味道更美。于是，猪肚巴也渐渐盛行起来，现已有70年历史了。由于制作猪肚巴的原料是猪肚和猪大肠，做法较为复杂，每斤原料只能做出3两猪肚巴，所以“春和公”的大寺猪肚巴每日的产量只有30斤。

猪肚巴的制作流程：用猪肚、猪大肠（最厚的部位等）经切条、腌制、风干、熏烤和油炸等多道工序，历经五个小时才出成品。切条时，刀面要立直，用力要均匀，使切出来的猪肠条大小均匀。然后要将切好的猪肠条放入香料、糖、盐、味精、酱油进行调味腌制，半小时后取出，晾晒至六七成（这是制作猪肚巴风味美食的重要工序，只有晾到这种程度炸起来才会外有焦香，里面略带一点水分，才有嚼劲和口感）。把晾好的猪肠条放入锅中用柴火来炸（煤气火达不到高温，炸出来的成品不漂亮），油炸后的猪肚巴，放入腌制的小柠檬、水晶藠头、辣椒酱等解腻佐料，便可食用。

图 281　大寺猪肚巴

大垌鸭

图 282　大垌鸭

钦北区大垌镇的白切鸭，因其原汁原味的清香和软滑弹牙的口感吸引了众多食客，让过往大垌的人们都忍不住要停下来一尝为快、大快朵颐。

大垌白切鸭从表面上看并没有什么吸引人的地方，但每逢圩日，街上的饮食摊店经常座无虚席。赶集的人们在粉店里要上一碗粉和一碟白切鸭肉或者一碗鸭红，有滋有味地享受着一餐美味。

大垌鸭的制作没有任何秘诀，但其选料很讲究。所选用的鸭子都是本地鸭种，生长期在一百天左右的鸭子，宰杀时用人工除毛，避免用其他方法除毛而影响鸭肉质量。用来浸泡鸭子的汤水是用筒骨、五花肉熬成的上汤，整好的鸭子放入汤水浸泡熟透后取出，稍微冷却后，把鸭子斩件装碟，蘸着用酸醋、蒜米、芫茜做成的调味料，趁热入口，顿觉一股浓浓的鸭肉清香，这就是大垌鸭吸引人的地方。为了保证白切鸭的鲜美，酒家在每天打烊后，都把当天浸过鸭子的浓汤倒掉喂猪，不会放到第二天使用。

武利牛巴

广西灵山最出名的牛巴是武利牛巴。而武利牛巴最著名的品牌则是“张姑娘”。

灵山武利“张姑娘”牛巴原名为“张良记”牛巴，从清朝至今已有一百多年的制作历史，是一家“百年老字号”的品牌店。“张姑娘”牛巴是灵山武利烧腊味“张良记”第五代女儿张姑娘在祖传秘方的基础上改进制作出的，其味道更令人称绝，常常供不应求。

张姑娘，全名叫张福辉，如今虽然已年过八旬，但鹤发童颜、神采奕奕。她是“张良记”第五代女儿，年轻的时候就在烧腊店帮忙打理生意，本来“张良记”制作牛巴的秘方传男不传女，但她从小天资聪颖，对制作牛巴很有悟性，是“张良记”烧腊店的好帮手，人们也亲切地叫她“张姑娘”。后来，“张姑娘”和“张良记”一样有名，再后来，“张姑娘”便替代了“张良记”。

图 283　牛巴

“张姑娘”牛巴是选用上好的牛臀部肉为主料的，因为只有这个部位的牛肉最富有弹性和韧性，做出的“牛巴”才兼备爽口、味厚且耐嚼的特点。顺着纹路切成二三指宽，十几厘米长的薄牛肉片，加入传统的中草香料，如丁香、八角、小茴香、甘草、糖、盐等进行腌制，然后摊在通风透气的竹筛上，置于阳光下晾晒至七成干，再用花生油炸至四成干，沥干油后，牛巴就制作完毕了。“张姑娘”牛巴色泽乌紫鲜亮，肉质松软爽脆，口感香甜，有嚼劲，风味十足，是下酒、吃饭、宴会、饭前饭后、居家或外出旅游等充饥的好零食。目前，武利牛巴有传统丁香味、孜然味和麻辣味三种口味，香而不腻，百吃不厌。

目前，在武利镇的牛巴品牌除了张姑娘品牌，还有韦四品牌。两相比较，“张姑娘”牛巴香而甜，“韦四”牛巴香中带咸，为不同口味的牛巴爱好者，提供了不同的口味选择。

金银引

金银引是原产于灵山县武利镇的民间小食，与“丁香牛巴”齐名，以色泽鲜艳，口味香脆而受人欢迎，是灵山县销路最好的民间小吃之一。其制作方法是取新鲜的优质猪肝切成厚约2—3厘米的条状，在中间捅个窟窿，然后加入调味料腌制3个小时，再用适量的肥猪肉条填进猪肝孔内，腊干或放进烤箱内烤焙48小时后取出即为成品。经此制作的“金银引”黑里透红，色泽鲜艳，一般将其放在饭面焗熟后切成小块，加上少许酱油，吃起来甘香可口，别具一番风味。

图 284　灵山金银引

官垌鱼

官垌鱼是指产自钦州市浦北县官垌镇，农民利用终年不断的溪流汇成的山泉水，结合天然饲料（主要青草、瓜叶、木薯叶等）喂养的淡水鱼类，以草鱼为主，其区别于其他草鱼的特征是养殖时间长，最少三到四年，个体大（6斤以上），肉质结实，无泥腥味，香而不肥、嫩而不腻，吃后余香满口、味道鲜美，是绿色无污染产品。

图 285　官垌鱼

浦北县官垌镇养殖官垌鱼已有两

百多年历史，2010年4月官垌鱼取得中国地理标志农产品登记，划定的地域保护范围为钦州市浦北县官垌镇、六硍镇、平睦镇、寨圩镇、福旺镇、小江镇等六个连片镇所属的56个行政村。

官垌鱼的食用，不论是煲、红焖、煮、清蒸均为上佳美食，可整鱼红烧，也可一鱼多吃。如鱼头可做清蒸鱼头、剁椒鱼头、鱼头汤，鱼腩可红烧、清蒸，鱼肉可油炸，鱼肚、鱼肠可炒酸菜，连鱼鳞都可以做成油炸鱼鳞，其中以官垌鱼鱼生最被食客推崇。官垌鱼因长年生长在无污染的山泉水里，鱼肉含有丰富的不饱和脂肪酸，是人体最适宜的营养品；特别是其含有草鱼类丰富的硒元素，其肉嫩而不腻，对身体羸弱、食欲不振的人来说有开胃滋补的作用。

大肉云吞

云吞是两广小吃的一种，源于北方的“馄饨”，初期被归类于饼类之中。钦州的大肉云吞，以个大肉多为特色，肉质鲜嫩，皮薄馅满，汤汁鲜美，吸引了较多的回头客。

云吞的肉馅主要选用筋比较少的猪后臀肉，把肉块切成小片后加入调料和冰块放入绞肉机中绞碎，然后放入冰箱冷藏，以便使肉馅有胶质感、煮熟后口感爽脆。一个熟手的师傅，一分钟能包20—30个大肉馄饨，只见他拿起一片云吞皮，用手指一卷一捏，一个云吞就包好了，煮时还不会裂开口。

之所以称大肉云吞，是因为钦州的云吞，其个头均像普通鸡蛋的大小一样，这与其他城市的云吞不同（一般的云吞只有鸽子蛋般大小）。由于大肉云吞皮薄、馅多、个头大，煮熟后玲珑剔透，色泽诱人，再配上一碗清甜、飘着葱花和虾皮的骨头汤，食客吃上一碗会感到极大的满足。

大肉云吞的烹饪方法，除了传统的水煮云吞外，在钦州还有油炸云吞。经油炸后，云吞酥脆可口，再配上葱油，并无油腻之感，深受食客欢迎。

图 286　大肉云吞

图 287　油炸大肉云吞

小董麻通

图 288　小董麻通

麻通，是一种汉族传统小吃，主要原料为上等糯米、白糖、芝麻、茶油、饴糖等，具有轻、香、甜、酥、脆俱全的特点，大而不重，甜而不腻，酥脆爽口，是老少皆宜的健康食品。

小董麻通，是钦州市钦北区的特色小吃产品之一。传说早在400多年前，在钦州小董镇集市上的小作坊就有制作麻通的人家。它最先生产的是实心的麻枣和芝麻心的煎堆，这两种食品是麻通的前身。后来，随着后人对工艺的传承和发展，人们在麻枣和煎堆中加入了红肉芋粉，改变了外层的硬度，又将其本来的圆形改成了长条形，使之变得又酥又香，逐渐发展成为今天的麻通。因麻通外层用芝麻包裹，内层通透如通草，得名麻通。1981年，在广西糕点制作工艺评比会上，小董麻通首摘桂冠，其后获奖连连，名声远扬，成为春节期间馈赠亲友的礼品及平日人们品茶的佐食美食之一。

芝麻饼

芝麻饼是钦州特产，人们喜欢在春节期间制作芝麻饼赠送至亲好友。芝麻饼选料讲究，一般选用糯米粉、红薯、白砂糖、猪油、黑芝麻、小苏打等来制作。成品皮薄馅厚，香脆可口，有南瓜馅、红薯馅、芝麻馅等多种馅。

制作芝麻饼，首先将红薯洗净，大火蒸熟后去皮，捣成泥，再加糯米粉、面粉和清水一起拌揉均匀，按成面坯。黑芝麻炒香压碎，再加白糖、少量花生油混合拌匀，揉成馅球。取面坯逐个包馅揉成球后摁扁。再用空心圆形马口铁皮模子擀成银元形的生坯。将生坯依次放入吊炉，上底鳌，约两分

图 289　芝麻饼

钟后，听芝麻爆裂声，即可移离吊鏊，将饼子的位置移动，但不翻转，以求遍烤，接着引吊鏊烘烤约一分钟，面饼呈棕黄色，便可出鏊。一般一鏊可以烤5—7个，边入鏊边提取，随时上下吊炉。一斤粉可制作10—15个。

芝麻饼作为当地的一种特色小吃，一般只有在春节时才进行大量商品化制作和销售，其礼盒包装渲染新年的氛围，是春节期间最受欢迎的年货之一。

香蕉糖

一代人的成长总是伴随着其所在年代的特有零食与玩具……有一种很普通的食品，在众多钦州人的记忆里犹为珍重，它见证了几代人的成长，印证了几代人的欢乐时光，它就是正渐渐消失的甜蜜美味——香蕉糖。

20世纪70—90年代，在钦州市，会做香蕉糖的手艺人比较多。每天，在学校门口、公园里、市场上，都可以看到一些扶着“廿八铃”的壮年男人，车后架上放着一块板和一个包裹着东西的大塑料袋，用宏浑的声音叫着“香——蕉——糖——”，引来了一群小孩的围观，然后便见卖糖人在众人的包围下从一团白色的固体物里用力扯出一条条白棒棒。一会，只见一条条用乳白色的糖衣包裹着香脆花生的长条圆糖出现了，卖糖人把它用两寸见方的白纸一裹，便成为儿童手中的美食。当年，它吸引了多少少年儿童磨着自己的父母用几分钱换来“上学”的筹码。但即使在不上学的节假日，每当孩子们在家听到香蕉糖的叫卖声，也会向父母讨上几毛钱，然后追着卖香蕉糖大叔的声音而去。

随着人们生活水平的提高，零食的品种越来越丰富，香蕉糖的甜腻味道渐渐被大众遗忘。目前，钦州大石古村的黄伯还在制作香蕉糖，坚守着这一门手艺，但愿其工艺能够传承下去。

图 290　香蕉糖

黑凉粉

黑凉粉是用凉粉草植株晒干后煎汁，与米浆混和煮熟，冷却后制成的黑色胶状物，质韧而软，以糖拌之可作暑天的解渴品。在广东、广西一带的市面上常有出售，有些地方也称作仙人拌、仙牛拌，台湾称为仙草冻。现在流行于大街小巷的饮品“烧仙草”的主要配料就是凉粉。

广西民间自制凉粉的做法：摘取凉粉草，洗干净，锅里放清水烧开；放入凉粉草，煮开5—10分钟，捞出凉粉草晾凉；把晾凉的凉粉草放在盘里搓碎，再用竹篮过滤，边搓边加入煮草的水，直至剩下渣；去掉渣，把适量的粘米粉或生粉用清水拌匀，倒入煮草的水中；开火，边煮边用锅铲拌均，以免粘锅，直至煮开；关火后，把之倒入容器内晾凉；晾凉后，用小刀切成小块，用白糖加清水煮，溶化后成了糖胶，倒入容器中晾凉了便可以食用了，如果放入冰箱冷冻后味道会更佳。

图 291　宇峰黑凉粉

黑凉粉是两广地区炎炎夏日的消暑良品。目前，广西灵山县是中国最大的凉粉草（仙草）生产基地。灵山县宇峰保健食品厂是国内规模最大的仙草加工企业。所生产的即食黑凉粉等产品远销新加坡、马来西亚、印度尼西亚等国家，深受广大消费者的青睐和喜爱。

灵山刮粉

刮粉是肠粉的一种，也是两广早餐餐桌上常见的美食之一。刮粉外表晶莹剔透、薄如蝉翼，且口感鲜美、微带韧劲，是不可多得的美味小吃。

在灵山，刮粉人人皆爱。制作刮粉的器具外形如抽屉，每个蒸屉都是长方形，一般有三层蒸屉。熟练的店家逐层给料并放入蒸笼，当最后一层生料放入的时候，第一个放入的蒸屉正好熟了，紧密衔接，现做现卖，缩短食客等待的时间。因此，灵山刮粉以现点现蒸现刮为特色。在制作时，制作者将提前打好的米浆，勺上一勺，倒入蒸屉，用手指灵巧地一转，米浆立即平滑铺匀蒸

图 292　刮粉

屉，30秒后，放上绿豆芽、肉末、葱花等将其放入笼再蒸30秒，之后一刮，顺其形自然卷成肠状，一条刮粉便做好了。最后装盘，再淋上带着番茄的酸甜汁或者带着肉末的咸汁，便是一份令人垂涎三尺的刮粉！

刮粉还可以放入木耳、豆角、玉米、生菜、鸡蛋、火腿、香肠等配料，配料往往会提前做好，保证与米粉出炉时间和谐统一。

广西沿海三市分布着很多刮粉店，但因为灵山刮粉的名声最响，所以灵山县以外的刮粉店都打着“灵山刮粉”的招牌。

粉　利

粉利是原生态的米制品，经过石磨磨成浆，然后揉团蒸煮而成。它是广西传统小吃之一，一般会在过年期间食用粉利，以讨大吉大利之意。

粉利是钦州百姓喜爱的一种米制品。粉利上市，一般在入冬和春节前后。粉利可以趁热吃，也可以冷水浸泡冷藏，每天换水一次，可存放大约一个月。

图 293　炒粉利

粉利的吃法有多种，最常见的是现煮现吃。粉利出笼后，沾酱油便可吃，这时候的粉利清甜、脆嫩、爽口，而且富有弹性，很有嚼劲儿。也可以把粉利切成均匀大小的条状，用油和青菜、肉丝一起翻炒。炒出来的粉利色香味俱全，滑而不腻，软而不糊，让人回味无穷。另外，在冬季吃火锅时节，将粉利切片煮开，入口则滑溜爽口，和着浓淡适宜的汤水，一碗下肚，尽驱寒气。更绝的是，粉利还可以烤着吃。烧烤炉上，将粉利刷上香油和孜然粉烘烤几分钟，喜欢辣的还可以加上辣椒粉，风味依旧独特。

黄瓜皮

钦州有一句广为流传的俗语：“宁弃鱼翅，不舍瓜脆。”

图 294　钦州黄瓜和外地黄瓜

黄瓜皮是钦州的特产之一。其制作并非使用平常食用的青瓜及黄瓜的皮，而是使用钦州特有的一种形状椭圆、呈金黄色的短藤白皮黄瓜，经传统方法秘制加工而成。由于腌制后的黄瓜去除了大部分水分，从椭圆形变成了扁状，呈现很多褶皱，故而称为“瓜皮”。钦南区那思、那丽、那彭三个镇盛产黄瓜，因此以“三那”瓜皮而出名。

钦州黄瓜皮腌制方法始于宋代，距今已有800多年历史。清朝道光年间，粤籍御厨锦长青选用钦州黄瓜，精心酿制黄瓜皮，其口感好，深受皇室喜爱，从此被当作贡品进贡朝廷。钦州黄瓜皮就此声名鹊起，被钦定为钦州之宝。

黄瓜皮从风味到用料加工都堪称岭南一绝。目前，国内与钦州黄瓜皮相似的产品为苏州蜜汁黄瓜、上海酱包瓜，但这两种产品酱味浓郁，已改变黄瓜原有的风味。唯独钦州黄瓜皮经加工腌制仍保持了鲜黄瓜的风味，而且其内含大量对人体有益的乳酸菌，具有生物活性发酵生成物，食用后有开胃消腻的独特功能。

图 295　清炒黄瓜皮

黄瓜皮的加工用料十分讲究，精选钦州（三那）地道的鲜黄瓜、采用钦州独特的传统方法腌制加工（据说，除了那丽、那彭、那思镇及附近乡镇，黄瓜就没有“三那”黄瓜特有的嫩脆，腌制的黄瓜皮就没有特有的风味了）。经过6个多月的贮存期，黄瓜片仍能保持原有的色泽、口感、味道，这在同类产品中也是一绝。目前，黄瓜皮已不再是菜市里的咸菜了，它已在诸多美食评奖活动获得殊荣，以其特有风味成为了驰名区内外的地方特产，走进了国内外市场，成为人们走亲访友必带的馈送品和旅游佳品。

贡棱豆

贡棱豆，又名龙豆、翅豆、番鬼豆、杨桃豆和热带大豆，俗称“六轴豆”。鲜品呈绿色，四棱柱体，棱带柱齿状，其大小约为2—3厘米，长约20—30厘米，富含维生素及多种营养元素，以蛋白质含量高而著称，素有“绿色黄金”和“豆中之王”之美誉。灵山县是广西沿海贡棱豆的主产地，已形成对贡棱豆进行加工制作的产业。

贡棱豆一般在农历二月份栽种，一周后发芽抽叶，到四、五月份，豆荚长到20—30公厘米时便可趁嫩采摘。因其较抗病虫，在生长期很少使用农药，所以符合无公害蔬菜新产品标准。同时因它具备高营养价值、无农药污染、美味可口、风味独特的特点，备受消费者青睐。目前，灵山县根据现代工艺结合传统腌制工艺，已生产出独具特色的即食包装贡棱豆，成为市场畅销的即食佳品。

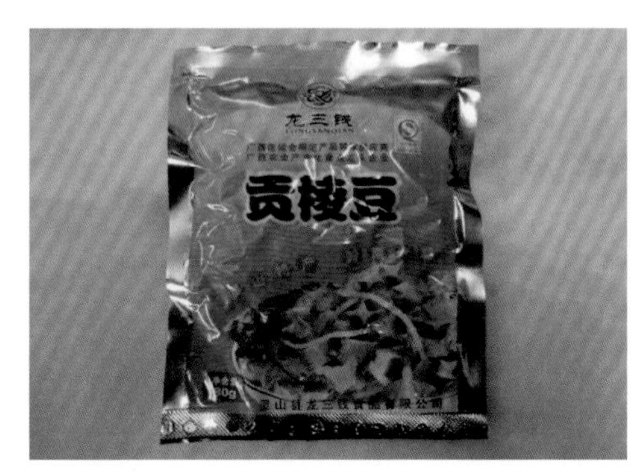

图 296　贡棱豆

黑萝卜干

黑萝卜干，俗称咸菜头，钦州人称咸萝卜。其营养丰富，郁香而柔韧，有“黑参”之誉，是钦州市广受欢迎的民间特色食品之一。其制作工艺已有一千多年的历史。其做法是用新鲜白萝卜放入锅中加入水、少量的盐，用火烧煮至萝卜变软，出锅后放到大缸中，用大石头砘压至变扁形，取出后放太阳底下晒干，再放锅中水煮软再晒，经多次反复煮、晒，萝卜经脱水逐步变皱、变小、变黑，即可食用。据说，1斤黑萝卜干需由约12斤新鲜白萝卜脱水浓缩而成，每根黑萝卜干均由整个新鲜白萝卜经过煮、砘、复、晾等传统工艺，将水分排消而自然变黑，无任何添加剂，是名副其实的绿色食品。其沉淀了新鲜白萝卜绝大部分营养成分，含有丰富的胡萝卜素、维生素A、维生素C、维生素E及钙、钾、铁、锌 等微量元素；具有清热生津、凉血止血、下气宽中、消食化滞、开胃健脾、顺气化痰等食疗功效。传说，北宋大文豪苏东坡“遨游钦灵”时曾“啖之为快”；岳飞第三子岳霖在调离钦州知县回京任太常卿后，曾忆“悉三餐王廷御膳，莫若一瓮咸菜头”。不少离乡背井的钦州籍人在行李中都少不了

图 297　咸萝卜

要带上一袋咸萝卜。在钦州民间，流传着“有钱人吃猪肉，无钱人吃咸萝卜”的说法，但在人们吃多了大鱼大肉的今天，咸萝卜的价格一路飚高，成为当地人衡量肉价高低的标准。钦州人又有了新的说法：“你愿吃一斤咸萝卜，还是愿吃一斤猪肉？”

第三章　北海美食

在广西沿海三市中，北海是近代广西接受西方文化最早的地区，其饮食文化中的海洋性较为突出。

沙蟹汁

沙蟹汁是北海著名特产之一，是当地人最喜欢的调味汁。沙蟹汁就是用沙蟹做成的汁。它主要是由活沙蟹、盐、姜、白酒、辣椒、酱油、蒜等制作而成。北海市拥有面积广阔的海滩，沙蟹资源丰富。每年的五月至七月，沙蟹在退潮时会离开其藏身的洞穴到海滩上活动，人们趁着月黑风高在沙滩上捉沙蟹。捉来的沙蟹洗干净，滤干水，抖碎后，放入罐子，加入海盐进行晾晒即成。沙蟹汁在制作过程中没有经过加热煮熟，完全是生料，带有一股子腥味，极具海鲜的香、酸、辣、咸。

沙蟹汁作为调料，可用作吃白切鸡时的蘸料。当新鲜沙蟹汁配上肉黄骨红的白切鸡，它便以独特的方式诠释“舌尖上的北海”。沙蟹汁焖豆角是北海市的名菜，它运用沙蟹汁的独特味道，在豆角快煮熟出锅时，淋上一勺沙蟹汁，焖上一会儿，即可新鲜出炉。曾有人这样描述：“绿绿的豆角里，夹着一些细细的蟹壳、蟹脚之类的东西，汁水是浅灰色的。豆角进口细尝，除了豆角的清甜味，还有一股很特别的味道，有点腥，但又很鲜，吃了让人上瘾。”即使是喝白粥，放上一点沙蟹汁，也会令人胃口大开。

图 298　沙蟹汁

沙蟹汁的做法十分简单：第一步，选用活的沙蟹。第二步，用桶装清水，将沙蟹放进桶里，让沙蟹在里面游，再用手轻洗沙蟹，多次换水。目的是清洁沙蟹。第三步，把沙蟹腹地的那块脐盖掀掉，连带着一根黑肠，俗称沙蟹屎。第四步，把沙蟹放到清洁干燥的瓦盘（或类似捣臼的器物），每斤沙蟹加进食盐一两，用干净的实心圆形木棒捣碎沙蟹。第五步，捣碎后放进切成颗粒的蒜头适量、姜适量、芝麻少量，拌匀。第六步，把捣碎的沙蟹汁放到太阳下晒上两三个小时，再分装到玻璃瓶里拧紧盖子，存放三天，便可食用。

虾仔饼

虾仔饼也叫虾仔粑，是用面粘上鲜活的小海虾在油锅内炸的一种小饼，热烘烘的、焦黄的、闻着就香。用料：海虾仔，面粉（以前用木薯粉），葱花。将馅儿和好铺在盘中后，将其放入油锅中进行油炸，炸到一定程度后，粑会自行在油中浮起，用筷子在油中翻动直至饼显颜色金黄即可。虾仔饼味香，尝起来酥脆，价格便宜，深受老少欢迎，是北海的最具特色和市井气息的民间小吃。同时虾仔饼也吸引了一批外地游客：外地游客来到北海老街，闻香而至，排长队抢购虾仔饼。

图 299　虾仔饼

北海临近海边，海产品丰富，由此衍生了很多独具北海特色的海鲜食物。如虾仔，在北海是最普通的最便宜的海鲜，人们多用煎、炒、蒸等方法烹饪。“虾仔饼”是其新鲜烹饪方法，油炸后的虾仔特别酥脆，人们连虾带壳吃下去都不会感到刺嘴。

合浦大月饼

合浦大月饼是近十来年兴起的一种特色月饼，现在是已获合浦地理标志保护产品。一般月饼的重量是125克一个，但合浦大月饼以大著称，重量一般在1斤一个以上，3—5斤一个的也很常见，最大一个月饼的重量达60斤。其品种有五仁叉烧月饼、五仁太师月饼和蛋黄莲蓉月饼等。其中，五仁月饼是月饼界的元老，也是一款备受争议的月饼。合浦五仁叉烧大月饼以传统五仁月饼为基础，进行了一定的改良。其馅料中所用的五仁是杏仁、橄榄仁、核桃仁、麻仁、瓜子仁，而橄榄仁是较少见的稀有品，一些地方因为缺少橄榄仁，都已用其他原料来代替橄榄仁。制作月饼时，在五仁馅中均匀铺上以特殊方式加工过的猪肉丝或鸡肉丝，使内馅吃起来更有韧性，而柔软的月饼外皮，又使之与传统的叉烧月饼区别开来。大月饼造型美观，皮薄馅多，入口清香，香而不腻，让人回味无穷。五仁太师月饼则是在五仁叉烧月饼的基础上，放入咸蛋黄。这是近年出现在合浦大月饼中的新品种，其味偏咸，与传统月饼的甜味相补充，让人们在甜腻时享受另一种风味。当人们采购双月礼盒时，往往会有一个五仁叉烧月饼和一个蛋黄莲蓉月饼相搭配。

图 300　合浦五仁叉烧大月饼

瓜皮醋

瓜皮醋是北海市合浦县一带居民的常见食品。其做法是用腌制好的老黄瓜皮泡水去盐，放入五花肉，加上生姜、红糖、白醋一起炖熟。瓜皮醋中的生姜可去寒除湿，而肥肉经长时间的炖煮，已化为脂肪酸，容易消化，红糖有补血的功效。集诸多材料于一身的瓜皮醋酸甜适宜，酸甘化阴，补血滋润，是暖胃、补血、美容、散淤血的首选滋补食品。在北海市合浦县一带，瓜皮醋最初主要是作为供给产妇食用的滋补品。产妇分娩后，由于气血两亏，血络污滞，进补和去污非常重要。为此，在妇女坐月子期间，家人一般都炖瓜皮醋来给她食用。到孩子满月时，满月酒席上也会备上一道瓜皮醋。有女儿的家庭往往也在女孩的生理期给她准备一盘瓜皮醋，为她活血化淤。瓜皮醋渐渐地演变成家庭节庆必备的传统美食。当然，一盘煮好的瓜皮醋色彩红红火火，有喜庆之意。

图 301　瓜皮醋

粟米粑

这是一种用黄粟磨成粉做好的粑。黄粟一般是采用野生黄粟，经过人工研磨后成为黄粟粉。黄粟粉含有丰富的淀粉、蛋白质、脂肪和糖分等，营养价值较高。

北海市合浦县常乐镇一带，人们特别喜欢食用粟米粑，其风味相对独特。黄粟粑有两种做法，一种是把黄粟粉放入大方托内加水蒸成较稀的浆状物。在食用时，客人按所需食用的分量用剪子剪取，放入碗后，淋上红糖浆再撒上芝麻碎，用竹签或筷子扎着吃；第二种做法是用粟米粉揉成团包入芝麻糖心当馅料，搓成圆形，上笼蒸熟即可食用。

图 302　粟米粑

粟米粑价格便宜却工艺复杂，由于小本生意，盈利不多，市场上主要是以流动摊点出售。但目前比较难看到，只是在乡镇有相对固定的摊点出售。

石康米饺

石康米饺是源于合浦县的著名乡村风味美食，在一些地区也称为粉饺。与一般饺子用面粉做饺子皮不同，石康米饺是用稻米磨粉做成的饺子皮，其表皮比较滑嫩，但也容易破洞。

图 303　石康米饺

在北海市合浦县的石康镇，以凤凰广场旁的阿扁叔米饺店制作的米饺最为独特。该店的制作工艺现已到了第三代传人，曾入选第二届北海国际珍珠节指定风味美食。阿扁叔米饺是全手工制作的，其过程复杂又细腻。其特点是皮滑爽，馅香脆，味醇正，入口顺。其馅料有两种：马蹄肉馅和木耳肉馅。不少慕名而来的食客尝后赞不绝口。

山口鸭饭

山口是广东、广西交界的一个小镇，隶属于合浦县。这是一个两省交界，人员往来频繁、五方商旅交汇的地方，饮食文化非常发达。饭店林立，美食品种众多是其一大特色。在林林总总的美食中，山口鸭饭特别引人注目。

图 304　山口鸭饭

鸭饭，是一味用鸭汤来煮的米饭，煮熟的米饭由于吸收了鸭汤的鲜味，颜色看起来偏黄。相传鸭饭出现在当地已有一百多年历史了。所用的鸭子主要是来自于英罗港外的红树林中放养了八十天左右的海鸭，鸭子在浅海中觅食戏水，长得健壮结实，肉质鲜嫩。把宰好的整鸭放入锅中时，加入水，只放葱、姜、酒和盐作调味料。待鸭子煮熟了，把鸭子捞出，舀取鸭汤加入大米煮饭。盛一勺鸭饭放入口中，在嘴嚼米饭的同时，人们还品尝到鸭汤的鲜味，妙不可言。

关于鸭饭，源自一个传说：有一年，某一渔村有一大户人家，在清明祭祖时，因来的客人太多，厨房饭菜一时供应不足，主人很着急。厨师看到厨房里的那口大锅里有半锅沸腾的鸭汤，情急之下便将洗好的米放入鸭汤之中。一会，一锅鸭汤饭便熟了。把米饭端上桌后，等待已久、早已饥肠辘辘的众人不等菜肴上桌，便纷纷盛饭吃了起来。由于鸭饭中的每一粒都吸入了鸭汤的鲜味，在嘴里嚼着又滑又香，人们不用吃配菜就可以吞下几大碗。后来，每逢清明节，该村的村民家家户户都做上了鸭汤饭，鸭饭便渐渐成为广西北部湾沿海餐饮的一大特色米食。其中，山口镇的饭店普遍出现鸭饭。山口鸭饭就走进了周边的城市和乡村，成为一道喜闻乐见的美食。

在山口鸭饭店，有一个不成文的规定，客人进店点菜后，可以免费添饭、加青菜和添鸭汤。当你要上一盘鲜美的鸭肉，配上由豉油加入生蒜、香油和香菜做成的蘸料时，鸭饭、鸭肉的清甜与蘸料便构成了一道香浓的滨海风味，那是游子思乡的味道。

米　散

米散是广西沿海一带的传统小吃。在北海有普通米散和涠洲米散两种。普通米散比较常见，原来一般是供妇女坐月子时食用；而涠洲米散是涠洲岛特有的，是春节时的年节食品。

图 305　米散及桂圆鸡蛋米散糖水

米散的原料是糯米。做法是先将糯米煮成比较干爽的糯米饭，趁热把糯米饭捏成团，再压平碾成直径大约15厘米的圆饼；再将圆饼状的糯米饭放在通风处晾干；食用时，将糯米饼用油炸酥，一张米散就做好了。

在北海市尤其是合浦县一带，米散与女性怀孕坐月子分不开。当女儿怀孕时，娘家人就开始为她准备米散。在坐月子时，米散鸡蛋糖水是主要的月子小吃。它是甜品，也是补品。在妇女生下男孩十二天后，或生下女孩十天后，娘家有一个送姜的仪式，即当外婆的要送礼物到新生儿家里，其中米散是必不可少的物品。当天，新生儿的家人会准备酒席款待亲友，称为做“十二朝”或者“十朝”，酒席上一定会出现米散。

图 306　涠洲米散

涠洲米散是涠洲岛人逢年过节时必备的节庆小吃，俗称爆米花，类似萨其马。因加入涠洲岛产的花生，吃起来有浓浓的花生香味。除了自用外，涠洲米散也是涠洲人年节时的送礼佳品。涠洲米散的制作工艺比较复杂。首先在阳光充足的日子里选用优质小米蒸熟、晒干；到海边选用干净的海沙放到锅里炒热，加入晒干的小米爆炒；炒熟的小米经筛出沙子后与炒熟的花生米拌匀；然后锅里放入黄糖和水煮糖浆，煮到一定火候后（掌握煮糖浆的火候是关键），放入小米和花生的混合物拌匀，冷却后就可以切块上桌了。涠洲米散香甜可口，既有蔗糖的甘甜，也有花生米的香味。

瑞丰腊肠

合浦瑞丰腊肠的故事要从清末讲起。林振权（瑞丰创始人）是福建人，祖上以加工买卖酱料为生，掌握了香料应用的一套技巧。在19世纪80年代末，为了谋生，林振权来到合浦，开始学做腊味。由于吃苦耐劳，不久，他在合浦西门江一带开起了一家腊味小摊。凭着对香料的熟悉和特殊运用，林振权花了几年时间，经过对腊味香料的比例搭配和加工工序进行不断地测试和改良，调制出了流传至今的瑞丰腊味的香料配方。又用了几年时间，他对猪肉的不同部位，肥瘦搭配和制作工序进行摸索，提升腊味的口感。林振权腊味在合浦逐步家喻户晓。1893年，林振权在合浦西门江口建造了房子，楼下用来做腊肠作坊，起名“瑞丰”。至今，“瑞丰”的招牌还在西门江口林家祖宅上挂着。

图 307　瑞丰腊肠

与其他腊肠的制作不同，瑞丰腊肠有两大特点：一是香料使用的品种超过30种，每一种香料的提取和加工方法都不一样；二是精心挑选猪肉，用来制作瑞丰腊肠的猪肉非常讲究，一头300多斤的猪，只选用20多斤猪前腿到背脊的肉。瑞丰腊肠以其质优味美而受人们欢迎。由于“瑞丰”名气远扬，早年被一浙江的食品公司注册，为此，瑞丰改品牌为“丰上丰”，其作坊改为“御腊坊”，把百年老字号的手艺传承并进行了创新。现在，它不仅拥有传统口味的腊肠系列产品，还生产海鲜味腊肠、蛋黄盏等风味的新品种，还有一些当季的腊鸭、腊猪肉等产品。

梁记叉烧大包

梁记叉烧包是北海侨港风情街的人气点心店，出售各种馒头和包子，主打招牌叉烧大包。梁记叉烧包有两个特点：一是大，其叉烧大包直径大约12厘米，早年的叉烧大包直径甚至达到15厘米；二是面发得特别好，叉烧大包的面粉用量与普通叉烧包没有差别，但由于梁记的祖传特殊工艺使面发得极其松软膨胀，像云朵一样，层层叠叠，还有拉丝感。另外，梁记的叉烧馅料也很特别，又咸又甜的大粒叉烧肉混合着酱香、洋葱香、海鲜香、蛋香等各种香气，被秘制蜜汁包裹着，藏在蓬松的甜口面絮内，让人们欲罢不能。

目前，梁记在钦州市、防城港市也开了不少分店，除了制作叉烧包外，还制作生肉包、奶黄包和各类馒头出售，但叉烧包是其畅销品。

图 308　叉烧大包

梅香鱼

梅香鱼是广西沿海一带特别是北海地区的一个特色菜肴。梅香鱼并不是鱼的一个品种，而是鱼的味道是“梅香”（其实是“霉香”，犹如人们对臭豆腐和榴莲味道的看法，有人觉得它香，也有人觉得它臭不可闻）。在鱼的种类上没有什么定式，只要是个头大的、新鲜的鱼都可以拿来制作。

梅香鱼的做法：把鱼开好膛，打好鳞，鱼鳃一般都保留以让鱼肉保持更佳的鲜度，放在通气干爽的地方晾着1—2天（这时一定要防苍蝇，不然鱼肉会生蛆），晾至鱼肉的蛋白质发生霉变，产生分解，发出臭味。随后，用海粗盐抹遍鱼身内外（盐量要多），再找一个大型的开口坛子，一层鱼一层盐逐层码放好，在上面压上几块大石头，目的是排走坛子内鱼之间的多余空气，令鱼肉和盐巴充分结合，使鱼肉更加结实。过一段时间，待鱼的表皮上起了一层类似豆腐乳一类的霉菌，把鱼取出来，晒干晾干，梅香鱼就做成了。

由于做梅香鱼时放入的盐较多，鱼腌制好后，其表皮很咸，但其肉却恰到好处。鱼肉吃起来味道鲜美无比，是下酒送饭之佳品。

图 309　梅香鱼

蟹仔粉

在北海，蟹仔粉是一道非常受欢迎的小吃。它最早从越南传过来，但逐渐变成北海的地方风味小吃。蟹仔就是小蟹，蟹仔粉的做法是选用新鲜小螃蟹，先把它们捣碎，放入汤里慢慢熬制，直到螃蟹的鲜味全部融入汤中，蟹仔粉的精华就在于这汤头了。然后，把蟹仔汤浇入装入碗的米粉中，细滑的米粉融入了清甜的海鲜味。在食用时，还可以将西红柿切丁放油炒制，放入正在煮制的蟹肉汤汁中，使其增加鲜甜味。端起一碗米粉，看到新鲜的蟹膏末浮在表面，尤感蟹香浓郁，胃口大开。

图 310　蟹仔粉

目前，北海蟹仔粉店主要集中在侨港风情街。除了传统蟹仔粉以外，还可以在其中加入其他菜品，做成虾丸蟹仔粉、叉烧蟹仔粉、杂煲蟹仔粉等，蟹仔粉已演变成了一道让人们有丰富味觉体验的小吃。

沙谷米

沙谷米又称沙金米、沙甘米、黑珍珠米，是用状元薯粉、红薯粉和木薯粉等按比例配制、经十多道工序手工制作而成，制作历史有200多年了，是畅销广西以及广东、海南等省份的特色传统食物。

沙谷米的制作流程由“合粉、制粒、筛选、锅炒、晾晒（或烘干）”

等几个工序精制而成。具体方法是将前一年收集的状元薯、红薯等薯类打磨成粉，按比例混合后加少量水，将湿粉放到筛子里筛摇，湿粉就慢慢粘合成小颗粒从筛子的孔洞掉落出来。最后，还要将成形的沙谷米放入大炒锅中进行炒制，经过炒制，表面湿淀粉因加热会糊化，形成一层薄膜包住粉粒。晒干（或烘干）后，这薄膜能使粉粒不易碎烂和发霉变黑，起一定的保护作用，煮食时也能增强口感。

图 311　沙谷米的制作

据民间经验，沙谷米对小儿疳积，伤寒，痢疾，湿热等症有辅助疗效，尤以陈年沙谷米为佳。因此，在合浦乾江一带，居家常有十年八年乃至几十年的沙谷米陈存以备急时需用。

沙谷米的食用方法，一般是煮成沙谷米糖水。沙谷米煮熟后呈半透明状，形似一颗颗珍珠。加糖即成沙谷米糖水，吃起来爽滑可口，乃夏日解暑之佳品；亦可加入牛奶，茶等制成珍珠奶茶，视季节可冷、热食用。其做法是将150克沙谷米洗净放入电饭锅内，加入约1000毫升水，煮沸3分钟后停火，让热水慢慢渗透沙谷米，再加入适量的水和放入适量的糖，糖水开后再关掉电源。焖到沙谷米完全通明即可。也可用清水将沙谷米煮到透明后，捞出，再与椰汁粉或椰汁相配；或是把沙谷米放入鲜奶来煮（滚开即可关火，可按个人喜好放适量的糖），冷藏后的椰奶沙谷米味道更特别，更美味。

图 312　沙谷米糖水

沙谷米以合浦县乾江村出产的最为有名。以前，在合浦乾江，几乎每家每户都做沙谷米卖，产品大多销往玉林、防城、南宁、湛江、海南等地。如今仅有几家小作坊仍在坚持制作，产量大大缩减。究其原因是正宗的沙谷米是由状元薯粉和红薯粉以一定的比例混制而成，但近10年来，由于其所用原料越来越难找，原料稀少、成本高，再加上年轻人不肯接手制作，沙谷米的制作量在逐年下降。

沙谷米糖水，一直以来都是北海本地人最喜欢的传统小吃之一，在广西各地闻名遐迩。它是我们儿时记忆中的特色传统美食，愿它不会消失！

第四章　防城港美食

由于毗邻越南，又是有中国京族唯一的聚居区，防城港市的地方饮食文化有一些与钦州、北海不同的特色。

屈头蛋

屈头蛋是最早流行于东兴市京族百姓中的一道日常小吃。屈头蛋，其实就是鸡、鸭蛋在孵化过程中，胚胎刚成型时被中止孵化的蛋。其做法是将已孵化了18天的鸭蛋煮熟，去壳，淋上新鲜柠檬果汁，撒上炸葱头、子姜丝、生盐、香菜、紫劳叶、椒盐等，就可食用。入口时，就感香、辣、酸、脆，别有一番风味。据说屈头蛋有补脑提神的功能，常用作治疗偏头痛的偏方。越南妇女既把它作为坐月子的常用补品，也把它作为美容圣品，而男人又把它当作日常食补的佳肴。

图 313　东兴街头的屈头蛋

在东兴街头，有挑着屈头蛋担子叫卖的越南边民。在其他地方的越南风味食街上，也常有屈头蛋出现。屈头蛋似乎已成为越南美食文化的象征之一。

图 314　东兴街头上屈头蛋小吃摊

风吹饼

在江平镇的防城港通往东兴市的国道两旁，或者在江平镇街道两旁的水果摊、小吃摊或糖烟摊上，人们略微注意一下，就会发现这些摊点上会出现一个上部是张开的喇叭形，腰间很细，下部是直筒状的小竹框，筐里装着圆圆薄薄的像草帽般大的薄饼，这就是京族的“冰喇”，现在人们的“风吹饼”。其得名，大概是因为本身太薄，可以被风吹走的缘故。

风吹饼是京岛一带有名的风味小吃，其做法是先用糯米磨成粉浆，放在锅内分薄层，一层又一层蒸熟后，在最后一层撒上芝麻，把它剥下来，晒干后即成。食用时，可把它放在碳火上烤，看到它逐渐膨酥，闻到香味，就可以夹上炒花生仁等，放入口中品尝了。此时，只觉得一般带着咸香和芝麻的焦香味入口，十分惬意。

如果蒸熟的风吹饼的粉膜不经晒干，而是直接切成细丝后烘干，即成为京族的另外一种特产——粄丝（即京族粉丝）。干粄丝经浸软后，拌上螺贝肉、蟹肉、沙虫干或虾仁等可煮成“粉丝海味汤”、炒粄丝（京族米粉）等，这是京岛人家的特色佳肴，也是待客之必备品。

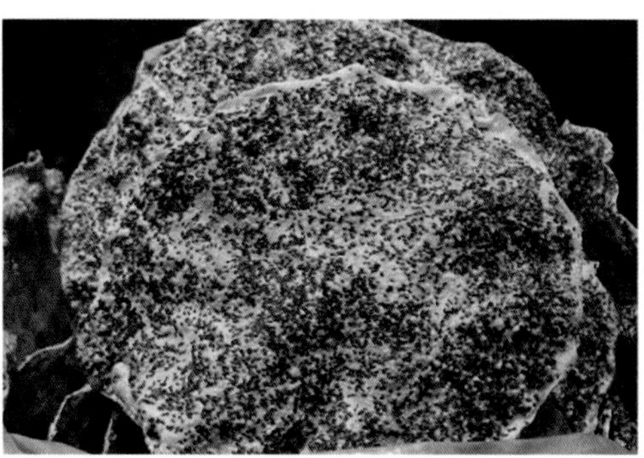

图 315　风吹饼

光坡鸡

“无鸡不成宴”是广府菜的特点。在防城港的家宴及待客餐桌上必有鸡，而且首推光坡鸡。光坡三黄鸡（光坡鸡）是光坡镇群众利用光坡独特的自然地理和气候条件，在户外放养，经过长期的自然选择、闭锁繁育而形成的地方名特优家禽珍品，它具有毛色绚丽、适应性强、耐粗饲、觅食力强、抗病力强、肉质脆嫩、肉味鲜美清甜、皮下脂肪少等特点，是典型的“瘦肉型”鸡。鸡的外貌特征为羽毛、嘴、脚、皮肤均为黄色。体形略似圆，前驱较

图 316　光坡鸡

小，后驱丰满。其肉质鲜美，骨细肉多，香脆可口，营养价值高，最适合制作白切鸡。光坡鸡符合外贸出口标准，在广西内外乃至港澳台地区、东南亚等国家的市场上享有盛誉。1983年，在广西畜禽产品肉质鉴定评比会上，东兴光坡鸡获得第一名。

由于光坡鸡的成长速度比其他鸡种慢，光坡鸡的日常养殖量并不大。有用正宗的优质光坡鸡做成的白切鸡，其外皮看起起来特别黄，而且皮薄，脂肪少，较容易让人辩识出来。

泥丁汤

泥丁是一种生活于有淡水注入的海边浅滩上的小型星虫，体长约10厘米，呈圆筒状，似钉子，前端较细、表皮灰黑，故被称为“土钉”，又称“泥丁”或“土笋”或“泥虫”。它属于原生态食材，不能养殖，但又是一种营养丰富的海洋生物，富含蛋白质、多种氨基酸和钙、磷、铁等微量元素和牛磺酸等多种成分。泥丁肉质脆嫩、味道鲜美，并具有较高的药用、食疗价值。

泥丁汤的做法：用竹签把泥丁翻好后，取60克泥丁、泥丁血少许，准备葱、姜丝少许。先用酒、盐、姜丝一起将泥丁腌好，将锅烧热后放少许油、盐、水、泥丁血一起煮沸，放入腌好的泥丁，加入调味品即可出锅。此汤清甜、泥丁爽脆、味道鲜美、且富含蛋白质和钙，营养丰富。做泥丁汤最关键的地方是，在通（翻）泥丁的时候，不要丢弃泥丁血，这是泥丁中最有价值，并体现其食疗效果的部分。泥丁汤目前是广西沿海三市常见汤品，也是接待嘉宾的一道美味佳肴。

图 317　泥丁汤

图 318　东兴金丝牛肉

东兴金丝牛肉

东兴金丝牛肉被称为龙须牛肉，是选用新鲜牛肉，经六道工序精制而成的。它形似金丝，色泽油润红亮，味道干香鲜美，老少皆宜，是广西东兴市的特产小吃，也是馈赠亲友及出行旅游佳品。

东兴金丝牛肉的做法：将牛肉切丝，用葱，姜，盐腌制10分钟，把鸡蛋、干淀粉、面粉、盐、味精、土豆丝，调成全蛋糊。将土豆丝炸至金黄色装盘，将牛肉挂糊拍上面包屑，炸至金黄即可捞出放入盘中。

京族米粉

京族米粉当地称粑丝，是江平“三宝”之一，是一种纯生态绿色食品。其做法是将大米浸泡后，用石磨磨成浆，平铺在雨伞样大小的蒸锅盖上蒸熟，然后上竹架在太阳下晾晒至半干，压平切丝，捆扎成型后晒干即成。因为是用手工切的，所以米粉的形状基本都呈方形。京族米粉经泡发后，因为比较韧，特别适合炒制。一般用虾米、海螺作为配菜混合炒熟，其味道鲜美，口感有韧性，是到东兴旅游的游客必食的一道京族风味主食。

图 319　京族米粉

鱼　露

又称鱼酱油，广西沿海三市特别是京族地区称其为“鲶汁”，又名鱼酱油。鱼露是各种小杂鱼和小虾加盐腌制，加上蛋白酶和利用鱼体内的有关酶及各种耐盐细菌发酵，使鱼体蛋白质水解，经过晒炼溶化、过滤、再晒炼，去除鱼腥味，再过滤，加热灭菌而成。鱼露色泽澄黄、味道鲜美，不仅是东兴京族三岛的人们每天离不开的上等调味品，而且还畅销于其他省

图 320　鱼露

市和越南、泰国、柬埔寨等东南亚国家。

鱼露原产自福建和广东潮汕等地。最早的鱼露，是源自渔民去远洋捕鱼时当时渔船上没有冰冻保鲜设备，除了较为珍贵的鱼货采用鲜晒来进行保鲜外，其余的鱼货往往用盐腌制保鲜。由于盐腌造成鱼虾脱水，在渔船返港后，渔民捞取鱼货出售，船舱便留下腌鱼的鱼汁，将其放入大锅中，加入八角、陈皮、丁香等熬制，便得到鱼露。鱼露成分除了盐水，主要是鱼类蛋白水解产生的多种氨基酸，既鲜味又营养。目前，东兴京族三岛之中，山心村产量最多，素有“鲶汁之乡”的美誉。2008年，京族鱼露入选第二批自治区级非物质文化遗产名录。

鱼露也是东南亚料理中常用的调味料之一，原产自越南，后传到其他东南亚国家及东亚国家，现欧洲也逐渐流行。

越南鸡粉

越南鸡粉是一道地道的越南风味美食。鸡粉用料讲究，除鸡丝外还配有肉丝、蛋丝、木耳丝、葱丝、香菜丝。蛋丝制作独特，摊成薄片后再切成细丝，不粘不连，撒在米粉上，与红的肉丝、白的鸡丝相辉映，格外撩人食欲。其制作方法是先将鸡肉、鸡脖、鸡爪、猪骨头洗净后，放入锅内熬熟，做出鸡汤后，将渣捞出，留汤备用；将鱼露、鲜柠檬汁、酸醋放在一个小碟里，调出酸味后备用。将鸡蛋打入平底锅内煎，将煎好的鸡蛋切成丝状。接着将米粉放入开水锅中烫熟，装入碗内后，将鸡汤淋入米粉，并放入鸡肉、蛋丝、生青菜，撒上调味汁，一碗鸡粉便做成了。此时，摆放在店内的餐桌上的小青柠，紫苏叶、薄荷叶、香茶、鱼露等便派上用场了。把小青柠切开，挤出几滴柠檬汁入碗中，还可在碗中放入几片香菜叶，为鲜美的鸡粉再添一缕清香。

图 321　越南鸡粉

越南烤肉粉

越南烤肉粉，主料是烤肉和米粉。烤肉粉的摆盘比较特别，一般是在簸箕上垫一张芭蕉叶，然后把米粉、烤肉、香菜叶子和蘸汁一起放在上面。烤肉粉用的米粉是细而软的圆粉，烤肉是混合了香茅和腌料烤制的，蘸汁是用酸醋、鱼露、青木瓜丝、青瓜片或者酸胡萝卜片等一起调制的。食用的方法也很讲究：用筷子夹起一小撮粉和一片烤肉，放入蘸汁中蘸一下，一起放入口中，也可以把烤肉等先放入蘸汁中浸泡，烤肉的香味伴着酸甜蘸汁混着柔

图 322　越南烤肉粉

韧有劲的米粉，入口则感酸甜。米粉爽滑，烤肉味足，伴着新鲜生菜叶，没有任何油腻感，十分开胃。这道粉最特别之处是鱼露和烤肉味的融合，令人回味无穷。据说当年奥巴马访问越南时，就品尝过这道米粉。

其制作方法是挑选鲜猪肉，用老抽、红糖、鱼露（以攀鲈鱼鱼露为上乘）、青柠檬汁、红葱头、蒜米等配料调成一碗酱汁倒入猪肉里，再加入半支香茅，拌匀腌8个小时。取出腌好的猪肉，隔着炭火慢慢烧烤。烤时要注意把握火候，使之熟而不硬，黄而不焦。这样烤成的肉片，既保持嫩滑感，又富烧烤味。烤肉上桌后，在拌米粉的同时，加入胡椒粉、紫苏、香菜等，利用紫苏、香菜的涩味和芳香使烤肉米粉产生油而不腻、香而不滥的味觉，这就是混而不俗的越南烤肉粉。

防城卷粉

20世纪70年代末，由于越南排华，一批越南华侨回到中国。一位毛姓华侨迫于生计，在防城的慈爱路开了一家卷粉店，由于其美味得到防城人的青睐，人们称之为华侨卷粉，又因为地域的缘故，更多人称之为防城卷粉。

据毛姓华侨所说，这种卷粉的来由有着一段故事：当年美国侵略越南时，西贡华侨为躲避战火，拖儿带女逃到深山老林，眼看所带的粮食很快就要用完了，有人想了一个办法，用晒干的淮山和大米打成米浆，放到蚊帐布做成的蒸格上蒸成米粉食用。后来又在米粉中间放入野生木耳、山猪肉再卷成条状，在艰难岁月里，造就了一道难得的美味。战争结束后，华侨们回到了原居住地，为了不忘记那段艰难的岁月，不少华侨用越南南方的优质大米打成米浆做卷粉，不再加入淮山。这样蒸出的米粉薄而透明，除了加入木耳和猪肉，还增加了凉薯做馅，使卷粉的口感更加软滑脆甜。这

图 323　防城卷粉

种卷粉很快从越南南方向北方流传。

华侨卷粉选用优质大米（一般的大米没有韧性），经过一夜浸泡，用石磨磨成米浆后加入适量米糊搅匀备用；再把米浆摊入热锅蒸成薄薄的圆形粉片，抹上花生油的专用竹刀快捷地将其从热蒸笼布上刮出来，趁热把木耳、豆芽、玉米、芹菜、猪肉碎、虾肉等炒好的内馅均匀地放在薄而透明的、细腻润滑的米粉片上；再用竹刀一卷，一条晶莹透亮、冒着热气的卷粉就做好了。在食用卷粉时，人们一般搭配上一碗肉末和生地熬成的汤水，同时根据个人喜好，加入酸椒、鱼露、酸醋、辣椒酱等配料。

越南面包

越南面包是多元文化融合的结果，面包的外形很像法国的法棍面包；中间包裹的叉烧、烤肉，又借鉴了中国饮食的方法；而添加的生蔬菜和当地风味调料则是东南亚的普遍做法，因而被称为“越南三明治”。它内容丰富，物美价廉，深受世界各地人民喜爱，被评为最受欢迎的街头小吃之一，也是防城港市、东兴市一带人们常见的有异国风味的食品。

越南面包的做法：先把法棍面包切开，往里面填入已调好味的熟肉、蛋皮等荤菜，然后塞入酸木瓜丝、青瓜丝或其他青菜，最后把面包的表面用炭火炙烤至酥脆即可食用。

图 324　越南面包

牛腩粉

南宁有老友粉、桂林有桂林米粉、柳州有螺蛳粉、钦州有猪脚粉，防城也有自己的特色米粉，那就是牛腩粉。防城港牛腩粉是防城港市的传统风味食品，它因以调制好的熟牛腩做佐料而得名。其特点是牛腩粉量足、味浓、汤鲜，适合当地人对米粉的嗜好。其做法是将选好的牛腩、牛筋等用沸水“飞过”捞起过冷水。然后中火起镬，下料把牛腩炒至收水后，配以沙姜、甘松、草果等煮30—40分钟。食用时，将炖好的牛腩、米粉下碗，然后把牛腩汤、骨头汤、肉丸调味淋进碗中即成。其口味香醇，清香可口，深受当地人喜欢。在新中国成立前，防城牛腩粉已随着防城人的足迹被带到了两广的其他地区，现在人们能在各地看到这一美味。

图 325　牛腩粉

上思鱼丸、鱼饼

鱼丸、鱼饼，用上思壮话来讲分别叫做“鱼圆”和“鱼瓶”，是地处十万大山北麓的壮族人民最喜欢的鱼类菜谱。鱼丸、鱼饼的原料一般采用鲮鱼肉，因鲮鱼肉质结实，吃起来香脆清甜鲜嫩，非常爽口。

在壮族山村，每当喜宴的前一天，主人就请来村子里熟水性的青壮年男子到池塘捞鱼。将捉到的鲮鱼去鳞、去皮后切成小块，与猪肉一起剁成鱼蓉，加入切碎的葱、姜、冬菜、盐等搅拌到起胶状后加入蛋清和淀粉，再次搅拌至形成有弹性的鱼蓉。接着把锅里的水烧开，将鱼蓉挤成丸状放入滚烫的水中，直至鱼丸浮起即出锅。

图 326　上思鱼丸、鱼饼

鱼饼和鱼丸的做法大致相同，不同的是将鱼肉剁成鱼蓉后需要加入泡打粉、盐和蛋清。将搅拌敲打成有弹性的鱼蓉挤成球形放入金黄滚烫的油锅里进行油炸，炸至金黄色方可出锅。刚炸好的鱼饼就像一颗颗圆形的珠子，金闪闪的，入口时口感香脆顺口。

鱼丸呈银白色球形状象征着银锭；鱼饼呈金黄色球形状象征着金子。将鱼丸和鱼饼放在一起寓意着“金银财宝滚滚而来”。壮家婚宴上都会有这两样菜。

上思脆皮香猪

地处十万大山的上思，盛产一种香猪，以肉细嫩、香、脆，皮薄而远销香港等地，名传海外。

据史料记载，1834年时，上思就有饲养香猪的记录，“猪崽以百读村为有名，因该村池井之水喂猪，其肉格外香美，故相传为上思香猪最好也。蓄养猪不过糠米，而亦因为水性，如城内莫家港有一池养猪，小肠必成，胎脆并且香。”从记载中可看到，上思香猪不是一个种类，而是因其水性而育成此种香猪。

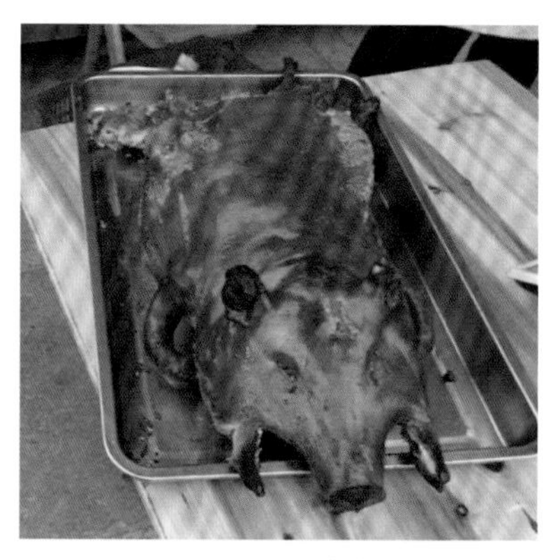

图 327　上思脆皮香猪

上思香猪为当地猪种类，属华南型，毛对错相间，猪体坚固，身短嘴圆，脚矮骨细，一般养至80斤左右的大小宰食最好。经过配料腌制后烤制的脆皮香猪，色泽光彩金黄，皮酥肉嫩，不腥不腻，色、香、味俱全。香猪肉含蛋白质高、脂肪低、养分周全，是绿色的保健食品。

上思酸粥

酸粥，是上思酒楼饭店不可缺少的一道特色调味汁，用它做上思香鸭的蘸汁，那股浓浓的香味令人叫绝。

图 328　上思香鸭蘸酸粥

酸粥的做法是用干净的米饭或者米粥，放到洗净的瓦罐中盖上盖子，保持透气，不用密封，不能沾油盐，让米饭自然发酵两个星期后即可食。食用时，先热锅放花生油，再放入酸粥、米辣椒、盐、酱油、姜末、蚝油、味精等配料。加热时，不断用锅铲或汤勺搅拌，使之成糊状即可。酸粥味道微酸带甜，口感醇厚，有一股豆腐乳的香味，开胃解腻，是餐桌上不可多得的调味汁。

附 录

广西北部湾美食街区一览

钦州市：

1. 钦州市美食广场
主营品种：海鲜、炒菜、烧烤
地址：钦州市八大场馆

2. 钦州市鸿发家私城美食广场
主营品种：海鲜、炒菜、烧烤、糖水
地址：钦州市鸿发街鸿发市场 1 号商铺

3. 钦州市一马路美食街
主营品种：糖水、炒菜、海鲜、烧烤
地址：钦州市一马路与人民路交叉口

4. 钦州市建设街美食片区
主营品种：卤水、盐焗、烧烤、糖水
地址：钦州市建设街与三小路口交界处

图 329 钦州市美食广场

5. 钦州市白沙街美食片区
主营品种：粥粉面、馄饨、卤水、酸嘢
地址：钦州市白沙街与新兴街交叉口

6. 北部湾大学东门美食街
主营品种：炒菜、烧烤、粥粉面、糖水
地址：钦州市滨海大道 12 号

北海市：

1. 北海市侨港风情街
主营品种：海鲜、炒菜、烧烤、粥粉面、糖水、炒冰
地址：北海市银海区侨港镇小港北路

2. 北海老街
主营品种：虾仔饼、粥粉面、饮料
地址：北海市海城区珠海路

3. 聚膳美食街
主营品种：早茶、海鲜、炒菜、粥粉面
地址：北海市北部湾中路凯旋国际酒店

4. 长青路夜市
主营品种：海鲜、炒菜、粥粉面
地址：北海市海城区长青路

图 330　北海市侨港风情街

5. 合浦县红林美食街
主营品种：海鲜、炒菜、粥粉面
地址：北海市合浦县廉州大道 168 号红林大酒店后面

防城港市：

1. 伏波路美食街
主营品种：海鲜、炒菜、粥粉面
地址：防城港市港口区伏波路

2. 鱼峰路美食街
主营品种：海鲜、炒菜、粥粉面、糖水
地址：防城港市港口区鱼峰路

3. 东兴市潆尾海鲜市场美食街
主营品种：海鲜、炒菜
地址：防城港市东兴市江平镇潆尾村

4. 东兴市中越美食街
主营品种：越南菜、粥粉面
地址：防城港市东兴市木栏街

5. 东兴市深源美食街
主营品种：海鲜、越南菜、各地菜肴
地址：防城港市东兴市农商街

图 331 防城港市东兴市中越美食街

参考文献

[1]［汉］班固．汉书．北京：中华书局，1962.

[2]［晋］张华．博物志．上海：上海古籍出版社，2012.

[3]［宋］范成大．桂海虞衡志．北京：中华书局，2002.

[4]［宋］周去非．岭外代答．北京：中华书局，1999.

[5]［明］谢肇淛．五杂俎．上海：上海古籍出版社，2012.

[6]［明］林希元著．陈秀南校．钦州志．政协广西灵山县委员会编印，1990.

[7]［清］屈大均．广东新语．北京：中华书局，1997.

[8]［清］王世雄．随息居饮食谱．天津：科学技术出版社，2012.

[9]［清］赵学敏．本草纲目拾遗．北京：中国中医药出版社，2007.

[10]政协钦州市文史资料委员会编．钦州文史资料（第四辑）．钦州市印刷厂，2000.

[11]北海市地方志编纂办公室编．北海市志．南宁：广西人民出版社，2001.

[12]潘乐远主编．合浦县志．南宁：广西人民出版社，2001.

[13]上思县地方志编纂委员会编．上思县志．南宁：广西人民出版社，2000.

[14]钦州市地方志编纂委员会编．钦州市志．南宁：广西人民出版社，2000.

[15]卢岩．防城港风物志．桂林：漓江出版社，2015.

[16]莫杰．广西风物志．南宁：广西人民出版社，1984.

[17]防城县志编纂委员会编．防城县志．南宁：广西民族出版社，1993.

[18]故宫博物院编．廉州府志．海口：海南出版社，2001.

[19]灵山县志编纂委员会编．灵山县志．南宁：广西人民出版社，2000.

[20]张创智等．中国海洋文化　广西卷．北京：海洋出版社，2016.

[21]林叶新，周旺．广西钦州地区饮食文化发展研究．南宁职业技术学院学报，2017（1）.

[22] 黄薇，滕兰花．论地理环境对广西饮食文化的影响．广西民族师范学院学报，2011（6）．

[23] 吴小玲．广西北部湾地区明清时期的海商文化与移民．广西民族研究，2011（2）．

[24] 周旺．商周至秦隋时期广西饮食文化态貌初探．南宁职业技术学院学报，2010（6）．

后 记

民以食为天。无论生活在哪一个时代、哪一个国度，人们都少不了要解决吃饭问题，这是亘古未变的事实。作为广西北部湾地区的“原住民”，我们生于、长于斯，热爱这里的一草一木、一山一水，眷恋从小哺育我们成长的鱼、肉、花、果、蔬之精华及美味，乐于为保护和传承地方传统美食文化献计献策。我们把平时所闻、所见、所品、所识的各种美食一一列举，分门别类，探其源、尝其味、识其韵，以期成一体系，扬本地饮食文化之精髓，为挖掘、保护和传承本土饮食文化尽微薄之力。

《北部湾风味食趣》属《广西北部湾传统文化丛书》中的一本，重在凸显北部湾地区的丰富食材、饮食风貌、饮食风俗和饮食文化等内容。为了编好这本书，北部湾大学（原钦州学院）的石华先、乔钥、韦棠和潘柳榕四位老师，以及邓世斌、陈延春、江俞倩、黎富盈和玉金平五名同学组成编写组。历时两年，走访钦州、北海、防城港三市的各大酒店、大排档、街头巷尾的小摊点，搜集美食种类并寻访、整理美食食材、食谱和美食故事、美食习俗等，终成其书。

本书内容由石华先作统筹策划，并由她负责编撰了第一部分北部湾食之魂、第四部分北部湾食之谱及附录部分；书中第一部分的山林食材和第二部分北部湾食之俗、第四部分北部湾食之谱的酒水内容主要由乔钥编撰；第三部分北部湾食之趣主要由韦棠编撰。书稿的初稿由石华先统一格式和文字风格，图片资料主要由潘柳榕和石华先共同拍摄完成，书中插画特邀潘科先生创作。北部湾海洋文化研究中心吴小玲教授对整部书稿编撰的全过程进行指导，对书中内容进行了审核、补充完善、校对和修正。

本书以弘扬广西北部湾饮食文化的精华为核心，尽可能地还原地方饮食面貌，帮助读者了解当地美食的全貌。传承中华传统饮食文化需要一颗对生活的挚爱之心，一腔对生活境界的崇高追求之情。在此，谨向所有为本书编写付出艰辛努力的编者们，以及对本书的编写提供无私支持和帮助的老师们和餐饮界同仁们表示衷心的感谢！本书在编写的过程中，借鉴了一些专家的研究成果，由于篇幅问题不能把书目及篇名一一列出，谨在此向各位表示感谢。

因调研时间有限，文献资料的缺乏，以及编写组成员能力和经验的不足等原因，本书没有能够完整地收集当地风味美食的所有种类，对某些饮食风俗习俗有所遗漏，这或多或少影响了本书的质量。另外，有些风味美食只能用舌尖来品尝，文字不足以形容，一如有的美食家谐戏道“会吃不会写”，以至在本书成型时仍有许多空白。为此，我们仍然期待《北部湾风味食趣》能在今后继续完善，恳望得到读者们的批评指正，使我们能不断改进，为发扬光大广西北部湾美食事业而努力！

《北部湾风味食趣》编写组

2019 年 2 月 31 日